水利水电堤防工程单元工程施工质量验收评定表实例及填表说明

李恒山　彭立前　等 编著

中国水利水电出版社

www.waterpub.com.cn

内 容 提 要

2012年9月，水利部批准了《水利水电工程单元工程施工质量验收评定标准》（SL 631～637—2012）7项标准为水利行业标准。为推动该标准的执行，进一步帮助广大水利水电工程质量管理人员理解和掌握该标准，松辽水利委员会水利工程建设管理站组织相关专家编写了本书。本书对应《水利水电工程单元工程施工质量验收评定标准——堤防工程》（SL 634—2012），分三部分，共计95个表格。第一部分为堤防单元工程施工质量验收评定表，共70个表格，其中样表35个表格，实例35个表格；第二部分为施工质量评定备查表，共19个样表；第三部分为单位、分部工程质量评定通用表，共6个样表。本书具有较强的理论性、实践性和操作性。

本书既可供广大从事水利水电工程施工、监理和项目法人的施工管理人员和质量管理人员参考使用，也可作为从事水利水电工程质量监督、设计人员和高等院校工程质量专业师生的辅助教材。

图书在版编目（CIP）数据

水利水电堤防工程单元工程施工质量验收评定表实例
及填表说明/李恒山，彭立前等编著 . —北京：中国
水利水电出版社，2014.9（2016.11 重印）
ISBN 978 - 7 - 5170 - 2548 - 1

Ⅰ．①水… Ⅱ．①李…②彭… Ⅲ．①水利水电工程
-堤防-防洪工程-工程质量-工程验收-表格-中国
Ⅳ．①TV871

中国版本图书馆 CIP 数据核字（2014）第 224463 号

书　　名	水利水电堤防工程单元工程施工质量 验收评定表实例及填表说明
作　　者	李恒山　彭立前　等 编著
出版发行	中国水利水电出版社 （北京市海淀区玉渊潭南路 1 号 D 座　100038） 网址：www. waterpub. com. cn E - mail：sales@waterpub. com. cn 电话：（010）68367658（营销中心）
经　　售	北京科水图书销售中心（零售） 电话：（010）88383994、63202643、68545874 全国各地新华书店和相关出版物销售网点
排　　版	中国水利水电出版社微机排版中心
印　　刷	北京嘉恒彩色印刷有限责任公司
规　　格	184mm×260mm　16 开本　10.5 印张　249 千字
版　　次	2014 年 9 月第 1 版　2016 年 11 月第 3 次印刷
印　　数	4501—7500 册
定　　价	**32.00 元**

编 写 人 员 名 单

主　　编：李恒山　彭立前

副 主 编：王秀梅

编写人员：刘鹏刚　马　进　杨　微　胡　伟

　　　　　邹红烨　纪宝贵　王　平　吴文吉

　　　　　吴希华　戴　昊　赵　洪　赵瑞娟

　　　　　王　悦

前　言

为进一步加强水利水电工程施工质量管理，统一单元工程施工质量验收评定标准，规范工程质量评定工作，水利部于 2012 年 9 月以〔2012〕第 57 号公告发布了《水利水电工程单元工程施工质量验收评定标准》（SL 631～637—2012）（以下简称《新标准》），包括土石方工程、混凝土工程、地基处理与基础工程、堤防工程、水工金属结构安装工程、水轮发电机组安装工程、水力机械辅助设备系统安装工程，自 2012 年 12 月开始实施。《新标准》替代了原《水利水电基本建设工程单元工程质量等级评定标准（试行）》（SDJ 249.1～6—88）和《水利水电基本建设工程单元工程质量等级评定标准（七）——碾压式土石坝和浆砌石坝》（SL 38—92）、《堤防工程施工质量评定与验收规程（试行）》（SL 239—1999）。

自《新标准》实施以来，部分省（自治区、直辖市）根据《新标准》的要求，并结合工程实际情况，编写了水利水电工程施工质量评定表及填表说明。松辽水利委员会水利工程建设管理站为推动《新标准》的贯彻落实，提升质量管理人员对《新标准》的理解和执行，组织辽宁省、吉林省、黑龙江省、内蒙古自治区水利工程质量监督中心站，大连市、赤峰市水利工程监督站，辽西北工程建设管理局等大型工程参建单位的专家收集整理了不同类型工程的实际案例，编写了《水利水电单元工程施工质量验收评定表实例及填表说明》（以下简称《实例及说明》）。本书旨在结合实际工程案例，对《新标准》作出了具体的诠释，为工程建设的各参建方和工程质量监督人员提供帮助和指导。

本《实例及说明》对应《新标准》（SL 631～637—2012），分为 7 册。本书为其中之一，全书分为三部分，共计 95 个表格。第一部分为堤防单元工程施工质量验收评定表，计 70 个表格，其中样表 35 个，实例 35 个；第二部分为施工质量评定备查表，计 19 个样表；第三部分为单位、分部工程质量评定通用表，计 6 个样表。防冲体护脚单元工程在《新标准》中分为防冲体制备和防冲体抛投两个工序，本书将两工序的主控项目和一般项目对应合并为不划分工序的单元工程；堤防的护坡工程全部按照不划分工序的单元工程处理。在实际工程中，如有《新标准》尚未涉及的单元工程时，其质量标准及评定表格，由项目法人组织监理、设计、施工单位根据设计要求和设备生产厂商的技术说明书，制定施工、安装的质量验收评定标准，并按《新标准》的格式（表头、表身、表尾）制定相应质量验收评定表格，报相应的质量监督机构核备。

由于 2014 年东北四省（自治区）水利工程数量多、投资大，为了尽快满足工程质量验收评定工作的需要，本书编写时间较短，选用的案例较多，相关资料不足和编者水平有限，书中难免有疏漏之处，案例选择也不尽完善。另外对于东北地区不常采用的工程类型，本书实例也未采用。敬请各位读者和工程质量管理人员在使用过程中如发现问题请及时与编者联系，不胜感激。

本书在编写过程中得到了辽宁省、吉林省、黑龙江省、内蒙古自治区水利工程质量监督中心站，大连市、赤峰市水利工程监督站，辽西北工程建设管理局等单位的领导和专家的大力协助，在此一并表示感谢，特别感谢吉林省水利工程质量监督中心站在本书的编写过程中给予的大力支持和帮助。

编者

2014 年 7 月

填 表 基 本 要 求

　　《水利水电堤防工程单元工程施工质量验收评定表》（以下简称《堤防工程质评表》）是检验与评定施工质量及工程验收的基础资料，也是进行工程维修和事故处理的重要凭证。工程竣工验收后，《堤防工程质评表》将作为档案资料长期保存。因此，必须认真做好《堤防工程质评表》的填写工作。

　　一、基本要求

　　单元（工序）工程完工后，应及时评定其质量等级，并按现场检验结果，如实填写《堤防工程质评表》。现场检验应遵守随机取样原则，填写《堤防工程质评表》应遵守以下基本要求。

　　1. 格式要求

　　（1）表格原则上左、右边距各 2cm，装订线 1cm，装订线在左，上边距 2.54cm，下边距 2.5cm；如表格文字太多可适当调整。表内文字上下居中，超过一行的文字左对齐。

　　（2）工程名称为宋体小四号字，表名为宋体四号字。表内原有文字采用宋体五号字，如字数过多最小可采用小五号字。其中阿拉伯数字、单位、百分号采用 Times New Roman 字体，五号字。

　　（3）表内标点符号、括号、"—"等用全角；"±"采用 Word 插入特殊数学符号。

　　（4）验收评定表与备查资料的制备规格纸张采用国际标准 A4（210mm × 297mm）纸。

　　（5）评定表一式四份，签字、复印后盖章，原件单独装订。

　　2. 填表文字

　　（1）填表文字应使用国家正式公布的简化汉字，不得使用繁体字。

　　（2）可使用计算机或蓝色（黑色）墨水笔填写，不得使用圆珠笔、铅笔填写。

　　计算机输入字体采用楷体－GB2312、五号、加黑，如字数过多最小可采用小五号字；钢笔填写应按国务院颁布的简化汉字书写，字迹应工整、清晰。

　　（3）检查（检测）记录可以使用蓝黑色或黑色墨水钢笔手写，字迹应工整、清晰；也可以使用打印机打印，输入内容的字体应与表格固有字体不同，以示区别，字号相同或相近，匀称为宜。

　　3. 数字和单位

　　（1）数字使用阿拉伯数字（1，2，3，…，9，0），计算数值要符合《数值修约规则》（GB 8170）的要求，使用法定计量单位及其符号，数据与数据之间用逗号（，）隔开，小数点要用圆下角点（.）。

　　（2）单位使用国家法定计量单位，并以规定的符号表示（如：MPa、m、m^3、t、……）。

4. 合格率

用百分数表示，小数点后保留一位，如果恰为整数，除100％外，则小数点后以0表示，例如：95.0％。

5. 改错

将错误用斜线划掉，再在其右上方填写正确的文字（或数字），禁止使用涂改液、贴纸重写、橡皮擦、刀片刮或用墨水涂黑等方法。

6. 表头填写要求

（1）名称填写要求。单位工程、分部工程名称，按质量监督机构对本工程项目划分确认的名称填写。如果本工程仅为一个单位工程时，单位工程名称应与设计批复名称一致。如果一个单位工程涉及多个相同分部工程名称时，分部工程名称还应附加标注分部工程编号，以便查找。

单元工程名称，应与质量监督机构备案的名称一致。单元工程名称应与工程量清单中项目名称对应，单元工程部位可用桩号、高程、到轴线（中心线）距离表示，原则是使该单元工程从空间（三维）上受控，必要时附图示意。

（2）工程量填写要求。"单元工程量"填写单元工程主要工程量。

（3）施工单位填写要求。施工单位应填写与项目法人或建设单位签订承包合同的法人单位全称（即与资质证书单位名称一致）。

（4）施工日期。施工日期应填写单元工程或工序从开始施工至本单元工程或工序完成的实际日期。

检验（评定）日期：年——填写4位数，年份不得简写；月——填写实际月份（1—12月）；日——填写实际日期（1—31日）。

7. 表身填写要求

（1）划分工序施工质量验收评定表与不划分工序的单元工程施工质量验收评定表。划分工序施工质量验收评定表与不划分工序的单元工程施工质量验收评定表表身基本一致。表身项次均包括主控项目和一般项目，其主控项目和一般项目的质量标准应符合《水利水电工程单元工程施工质量验收评定标准——堤防工程》（SL 634—2012）的要求，在每个单元工程及工序填表说明中另行说明。主控项目和一般项目均包含检验项目、质量标准、检查（检测）记录、合格数及合格率。

1）检验项目和质量标准。检验项目和质量标准应符合SL 634—2012所列内容。对于SL 634—2012未涉及的单元工程，在自编单元工程施工质量验收评定表中，应参考SL 634—2012及设计要求列项。

凡检验项目的"质量标准"栏中为"符合设计要求"者，应填写出设计要求的具体设计指标，检查项目应注明设计要求的具体内容，如内容较多可简要说明；凡检验项目的"质量标准"栏中为"符合规范要求"者，应填写出所执行的规范名称和编号、条款。"质量标准"栏中的"设计要求"，包括设计单位的设计文件，也包括经监理批准的施工方案。

对于"质量标准"中只有定性描述的检验项目，则检查（检测）结果记录中也作定性描述，"合格数"栏不填写内容，在"合格率"栏填写"100％"。

2）检查（检测）记录。检查（检测）记录应真实、准确，检查（检测）结果中的数据为终检数据。

设计值按施工图纸填写。对于设计值不是一个数值时，应填写设计值范围。

检查（检测）结果可以是实测值，也可以是偏差值。实测值填写实际检测数据，而不是偏差值。当实测数据多时，可填写实测组数、实测值范围（最小值～最大值）、合格数，实测值应作附件备查。填写偏差值时必须附实测记录。

检查记录是文字性描述的，在检查记录中应客观反映工程实际情况，描写真实、准确、简练。如质量标准是"符合设计要求"，在检验记录中应填写满足设计的具体要求；如质量标准是"符合规范要求"，在检验记录中应填写规范代号及满足规范的主要指标值。

质量标准中，凡有"符合设计要求"者，应注明设计具体要求（如内容较多，可附页说明）、凡有"符合规范要求"者，应标出所执行的规范名称、编号及颁布日期。

（2）《堤防工程质评表》中列出的某些项目，如本工程无该项内容，应在相应检验栏内用一字线"—"表示。

8. 表尾填写要求

（1）施工单位自评意见。工序或不划分工序的单元工程：主控项目检测结果全部符合标准（对于有其他特殊要求的检测项目，例如压实度等），可以出现不合格点，其他检测项目均应达到标准要求。

一般项目逐项检验点的合格率均达到90%（或70%）及以上，且不合格点不集中分布。

划分工序单元工程：各工序施工质量全部合格，其中优良工序达到50%及以上（或小于50%），且主要工序应达到优良（或合格）等级。单元工程施工质量等级评定为优良（或合格）。

（2）监理单位复核意见。《堤防工程质评表》从表头至评定意见栏均由施工单位经"三检"合格后填写，"质量等级"栏由复核质量的监理工程师填写。监理工程师复核质量等级时，如对施工单位填写的质量检验资料有不同意见，可写入"质量等级"栏内或另附页说明，并在质量等级栏内填写核定的等级。

1）工序：经复核，主控项目检测点全部符合标准，一般项目逐项检验点的合格率达到90%（或70%）及以上，且不合格点不集中分布。工序施工质量等级复核为优良（或合格）。

2）划分工序单元工程：经抽查并查验相关检验报告和检验资料，各工序施工质量全部合格，其中优良工序小于50%（或大于50%及以上），且主要工序达到合格（或优良）等级。单元工程施工质量等级复核为合格（或优良）。

3）不划分工序单元工程：经抽检并查验相关检验报告和检验资料，主控项目检验点全部符合标准，一般项目逐项检验点的合格率达到70%（或90%）及以上，且不合格点不集中分布。单元工程施工质量等级复核为合格（或优良）。

（3）签字、加盖公章。施工单位自评意见的签字人员必须是具有合法的水利工程质检员资格的人员，且由本人按照身份证上的姓名签字。监理单位复核意见的签字人员必须是在工程建设现场，直接对施工单位的施工过程履行监理职责的具有水利工程监理工程师注册证书的人员，同时必须由本人按照身份证上的姓名签字。

加盖的公章必须是经中标企业以文件形式报项目法人认可的现场施工和现场监理机构的印章。

（4）评定时间。施工单位自评意见时间应填写该工序或单元工程施工终检完成时间。对于有试验结果要求的工序或单元工程，评定时间应为取得试验结果后的日期。施工单位栏日期可以直接打印，监理单位栏日期必须执笔填写。

（5）质量意见和质量结论。质量意见和质量结论及签字部分（包括日期）不可打印。

二、注意事项

（1）本书的所有表格适用于1、2、3级堤防工程的单元工程施工质量验收评定，4、5级堤防工程可参照执行。

（2）本部分各单元工程质量检查表中引用的标准有《水利水电工程施工质量检验与评定规程》（SL 176—2007）、《堤防工程施工规范》（SL 260—98）、《水利水电工程单元工程施工质量验收评定标准——混凝土工程》（SL 632—2012）。

（3）划分工序的单元工程，其施工质量验收评定在工序质量验收评定合格和施工项目实体质量检验合格的基础上进行。不划分工序的单元工程，其施工质量验收评定在单元工程中所包含的检验项目检验合格和施工项目实体质量检验合格的基础上进行。

（4）工序施工质量具备下述条件后进行验收评定：①工序中所有施工项目（或施工内容）已完成，现场具备验收条件；②工序中所包含的施工质量检验项目经施工单位自检全部合格。

（5）工序施工质量按下述程序进行验收评定：①施工单位首先对已经完成的工序施工质量按 SL 634—2012 标准进行自检，并做好检验记录；②自检合格后，填写工序施工质量验收评定表，质量责任人履行相应签认手续后，向监理单位申请复核；③监理单位收到申请后，在 4h 内进行复核。

（6）监理复核工序施工质量包括以下内容：①核查施工单位报验资料是否真实、齐全，结合平行检测和跟踪检测结果等，复核工序施工质量检验项目是否符合 SL 634—2012 标准的要求；②在工序施工质量验收评定表中填写复核记录，并签署工序施工质量评定意见，核定工序施工质量等级，相关责任人履行相应签认手续。

（7）单元工程施工质量具备下述条件后验收评定：①单元工程所含工序（或所有施工项目）已完成，施工现场具备验收的条件；②已完工序施工质量经验收评定全部合格，有关质量缺陷已处理完毕或有监理单位批准的处理意见。

（8）单元工程施工质量按下述程序进行验收评定：①施工单位首先对已经完成的单元工程施工质量进行自检，并填写检验记录；②自检合格后，填写单元工程施工质量验收评定表，向监理单位申请复核；③监理单位收到申报后，在 8h 内进行复核。

（9）监理复核单元工程施工质量包括下述内容：①核查施工单位报验资料是否真实、齐全；②对照施工图纸及施工技术要求，结合平行检测和跟踪检测结果等，复核单元工程质量是否达到 SL 634—2012 标准的要求；③检查已完成单元工程遗留问题的处理情况，在单元工程施工质量验收评定表中填写复核记录，并签署单元工程施工质量评定意见，核定单元工程施工质量等级，相关责任人履行相应签认手续；④对验收中发现的问题提出处理意见。

（10）在《工序施工质量验收评定表》和《不含工序的单元工程施工质量验收评定表》的"施工单位自评意见"和"监理单位复核意见"中，若一般项目逐项检验点的合格率最小值小于90%（同时大于等于70%）时，则后面的合格率空格处填写70%；若一般项目逐项检验点的合格率最小值大于或等于90%时，则后面的合格率空格处填写90%。

（11）对重要隐蔽单元工程和关键部位单元工程的施工质量验收评定应有设计、建设等单位的代表签字，具体要求应满足SL 176—2007的规定。

（12）沉排工程按制作沉排材料一般分为铰链混凝土块沉排、石笼沉排和土工织物软体沉排等型式；按照施工方式分为旱地、冰上、水下三种施工方式。本书只针对北方地区常用的冰上沉排工作列举了填表实例，并对填写作了具体说明。

目　录

第一部分

堤防单元工程施工
质量验收评定表

_____**工程**

表 1　　　　**堤基清理单元工程施工质量验收评定表（样表）**

单位工程名称		单元工程量	
分部工程名称		施工单位	
单元工程名称、部位		施工日期	年　月　日—　年　月　日

项次	工序名称（或编号）	工序质量验收评定等级
1	基面清理	
2	△基面平整压实	

施工单位 自评意见	各工序施工质量全部合格，其中优良工序占_____％，主要工序达到_____等级。 　各项报验资料_____SL 634 标准要求。 　单元工程质量等级评定为：_____ 　　　　　　　　　　　　　　　　质检人员：　　　（签字，加盖公章） 　　　　　　　　　　　　　　　　　　　　　　　　　　年　月　日
监理机构 复核评定 意见	经抽检并查验相关检验报告和检验资料，各工序施工质量全部合格，其中优良工序占_____％，主要工序达到_____等级。各项报验资料_____SL 634 标准要求。 　单元工程质量等级评定为：_____ 　　　　　　　　　　　　　　　　监理工程师：　　　（签字，加盖公章） 　　　　　　　　　　　　　　　　　　　　　　　　　　年　月　日
注：本表所填"单元工程量"不作为施工单位工程量结算计量的依据	

<u>　　　×××堤防　　　</u>工程

表 1 　　　堤基清理单元工程施工质量验收评定表（实例）

单位工程名称	×××堤防工程	单元工程量	450m³
分部工程名称	**堤基处理**	施工单位	×××省水利水电工程局
单元工程名称、部位	**堤基清理** **（桩号 0＋100～0＋200）**	施工日期	2013 年 5 月 10—15 日

项次	工序名称（或编号）	工序质量验收评定等级
1	基面清理	优良
2	△基面平整压实	优良

施工单位 自评意见	各工序施工质量全部合格，其中优良工序占 <u>　100　</u>％，主要工序达到 <u>　优良　</u>等级。各项报验资料 <u>　符合　</u> SL 634 标准要求。 　　单元工程质量等级评定为： <u>　优良　</u> 　　　　　　　　　　　　　　　质检人员：×××（签字，加盖公章） 　　　　　　　　　　　　　　　　　　　　　　2013 年 5 月 16 日
监理机构 复核评定 意见	经抽检并查验相关检验报告和检验资料，各工序施工质量全部合格，其中优良工序占 <u>　100　</u>％，主要工序达到 <u>　优良　</u>等级。各项报验资料 <u>　符合　</u> SL 634 标准要求。 　　单元工程质量等级评定为： <u>　优良　</u> 　　　　　　　　　　　　　　　监理工程师：×××（签字，加盖公章） 　　　　　　　　　　　　　　　　　　　　　　2013 年 5 月 17 日
注：本表所填"单元工程量"不作为施工单位工程量结算计量的依据	

表1　堤基清理单元工程施工质量验收评定表

填　表　说　明

填表时必须遵守"填表基本要求"，并应符合下列要求。

1. 本填表说明适用于堤防堤基清理单元工程施工质量验收评定表的填写。

2. 单元工程划分：堤基清理宜沿堤轴线方向将施工段长 100～500m 划分为一个单元工程。单元工程量填写清基工程量（m² 或 m³）。

3. 堤基内坑、槽、沟、穴等的回填土料土质及压实指标应符合设计和下列要求。

土料碾压筑堤单元工程施工前，应在料场采集代表性土样复核上堤土料的土质，确定压实控制指标，并符合下列规定。

（1）上堤土料的颗粒组成、液限、塑限和塑性指数等指标应符合设计要求。

（2）上堤土料为黏性土或少黏性土的，应通过轻型击实试验，确定其最大干密度和最优含水率。

（3）上堤土料为无黏性土的，应通过相对密度试验，确定其最大干密度和最小干密度。

（4）当上堤土料的土质发生变化或填筑量达到 3 万 m³ 及以上时，应重新进行上述试验，并及时调整相应控制指标。

4. 堤基清理单元工程包括基面清理和基面平整压实两个工序，其中基面平整压实工序为主要工序，用△标注。本表是在表 1.1 及表 1.2 工序施工质量验收评定合格的基础上进行。

5. 本单元工程施工质量验收评定应包括下列资料。

（1）施工单位应提交单元工程中所含工序施工质量验收评定表，各项检验项目、检测记录等资料。

（2）监理单位应提交对单元工程施工质量的平行检测资料。

6. 单元工程质量要求。

（1）合格等级标准：各工序施工质量验收评定应全部合格；各项报验资料应符合标准 SL 634 第 3.3.3 条的要求。

（2）优良等级标准：各工序施工质量验收评定应全部合格，其中优良工序应达到 50％及以上，且主要工序应达到优良等级；各项报验资料应符合标准 SL 634 第 3.3.3 条的要求。

7. 若本土方开挖单元工程在项目划分时确定为重要隐蔽（关键部位）单元工程时，应按《水利水电工程施工检验与评定规程》（SL 176—2007）要求，另外需填写该规程附录 1 "重要隐蔽单元工程（关键部位单元工程）质量等级签证表"，且提交此表附件资料。

＿＿＿＿＿＿＿＿工程

表 1.1　　　　　基面清理工序施工质量验收评定表（样表）

单位工程名称			工序编号			
分部工程名称			施工单位			
单元工程名称、编号			施工日期	年　月　日— 　年　月　日		
项次		检验项目	质量要求	检查（检测）记录	合格数	合格率/%
主控项目	1	表层清理	堤基表层的淤泥、腐殖土、泥炭土、草皮、树根、建筑垃圾等应清理干净			
	2	堤基内坑、槽、沟、穴等处理	按设计要求清理后回填、压实，并符合土料碾压筑堤的要求			
	3	结合部处理	清除结合部表面杂物，并将结合部挖成台阶状			
一般项目	1	清理范围	基面清理包括堤身、戗台、铺盖、盖重、堤岸防护工程的基面，其边界应在设计边线外 0.3 ～ 0.5m。老堤加高培厚的清理尚应包括堤坡及堤顶等			
施工单位自评意见		主控项目检验结果全部符合合格质量标准，一般项目逐项检验点的合格率均大于或等于＿＿＿＿＿％，且不合格点不集中分布。各项报验资料＿＿＿＿SL 634 标准要求。 　　工序质量等级评定为：＿＿＿＿ 　　　　　　　　　　　　质检人员：　　（签字，加盖公章） 　　　　　　　　　　　　　　　　　　　　　年　月　日					
监理机构复核评定意见		经复核，主控项目检验结果全部符合合格质量标准，一般项目逐项检验点的合格率均大于或等于＿＿＿＿＿％，且不合格点不集中分布。各项报验资料＿＿＿＿SL 634 标准要求。 　　工序质量等级评定为：＿＿＿＿ 　　　　　　　　　　　　监理工程师：　　（签字，加盖公章） 　　　　　　　　　　　　　　　　　　　　　年　月　日					

　　　　×××堤防　　　　工程

表 1.1　　　　　　**基面清理工序施工质量验收评定表（实例）**

单位工程名称	×××堤防工程	工序编号		一
分部工程名称	堤基清理	施工单位		×××省水利水电工程局
单元工程名称、编号	堤基清理 （桩号 0＋100～0＋200）	施工日期		2013 年 5 月 10—13 日

项次		检验项目	质量要求	检查（检测）记录	合格数	合格率/%
主控项目	1	表层清理	堤基表层的淤泥、腐殖土、泥炭土、草皮、树根、建筑垃圾等应清理干净	堤基表层的淤泥、腐殖土、草皮、树根等已清理干净	一	100
	2	堤基内坑、槽、沟、穴等处理	对淤泥、腐殖土、树根清理后回填、压实，干密度达到 1.6g/cm³ 的要求	已施工技术要求清除表层淤泥和腐殖土，筑堤土回填人工夯实，共计 2 处，面积 30m²，检测两组干密度，数值 为 1.60g/cm³、1.62g/cm³，满足设计要求	一	100
	3	结合部处理	清除结合部表面杂物，并将结合部挖成台阶状	结合部表面清除干净，并挖成台阶状	一	100
一般项目	1	清理范围	基面清理包括堤身、戗台、铺盖、盖重、堤岸防护工程的基面，其边界应在设计边线（见技设图）外 0.3～0.5m	新堤，清理堤长 1000m，实测点 20 点，边界在设计边线外 1.1～0.2m 之间，合格 18 点（检测值见检测记录，检测记录需将具体检测点桩号、检测数据附表附后）	18	90

施工单位自评意见	主控项目检验结果全部符合合格质量标准，一般项目逐项检验点的合格率均大于或等于 **90** ％，且不合格点不集中分布。各项报验资料 **符合** SL 634 标准要求。 　　工序质量等级评定为：**优良** 　　　　　　　　　　　　　　质检人员：×××（签字，加盖公章） 　　　　　　　　　　　　　　2013 年 5 月 14 日
监理机构复核评定意见	经复核，主控项目检验结果全部符合合格质量标准，一般项目逐项检验点的合格率均大于或等于 **90** ％，且不合格点不集中分布。各项报验资料 **符合** SL 634 标准要求。 　　工序质量等级评定为：**优良** 　　　　　　　　　　　　　　监理工程师：×××（签字，加盖公章） 　　　　　　　　　　　　　　2013 年 5 月 14 日

表 1.1　基面清理工序施工质量验收评定表
填　表　说　明

填表时必须遵守"填表基本要求"，并应符合下列要求。

1. 单位工程、分部工程、单元工程名称及部位填写要与表1相同。

2. 堤基内坑、槽、沟、穴等处理按设计要求清理后回填、压实，土料碾压筑堤的压实质量控制指标应符合下列规定。

（1）上堤土料为黏性土或少黏性土时应以压实度来控制压实质量；上堤土料为无黏性土时应以相对密度来控制压实质量。

（2）堤坡与堤顶填筑（包边盖顶），应按下表中老堤加高培厚的要求控制压实质量。

（3）不合格样的压实度或相对密度不应低于设计值的 96%，且不合格样不应集中分布。

（4）合格工序的压实度或相对密度等压实指标合格率应符合下表的规定；优良工序的压实指标合格率应超过下表规定数值的 5% 或以上。

土料填筑压实度或相对密度合格标准

序号	上堤土料	堤防级别	压实度	相对密度	压实度或相对密度合格率/%		
					新筑堤	老堤加高培厚	防渗体
1	黏性土	1 级	≥94	—	≥85	≥85	≥90
		2 级和高度超过 6m 的 3 级堤防	≥92	—	≥85	≥85	≥90
		3 级以下及低于 6m 的 3 级堤防	≥90	—	≥80	≥80	≥85
2	少黏性土	1 级	≥94	—	≥90	≥85	—
		2 级和高度超过 6m 的 3 级堤防	≥92	—	≥90	≥85	—
		3 级以下及低于 6m 的 3 级堤防	≥90	—	≥85	≥80	—
3	无黏性土	1 级	—	≥0.65	≥85	≥85	—
		2 级和高度超过 6m 的 3 级堤防	—	≥0.65	≥85	≥85	—
		3 级以下及低于 6m 的 3 级堤防	—	≥0.60	≥80	≥80	—

3. 检验（检测）项目的检验（检测）方法及数量按下表执行。

检验项目	检验方法	检验数量	填表说明
表层清理	观察、查阅施工记录	全面检查	将检查结果与质量标准进行对照，实事求是填写结论
堤基内坑、槽、沟、穴等处理	土工试验	每处超过 400m² 时，每 400m² 取样 1 个	对堤基内的坑、槽、沟、穴数量，面积，处理方式进行记录，并通过试验结果确认
结合部处理	观察	全面检查	主要填写新旧堤防结合部位的处理方式和处理结果
清理范围	量测	按施工段堤轴线长 20～50m 量测 1 次	表中直接填写清理范围测量结果和检测数量，并写出结论。量测的记录作为备查资料留存

4. 工序施工质量验收评定应提交下列资料。

（1）施工单位各班（组）的初检记录、施工队复检记录、施工单位专职质检员终检记录，堤基内坑、槽、沟、穴等处理的土工试验资料、清理范围的量测记录等，以及工序中其他施工质量检验项目的检验资料。

（2）监理单位对工序中施工质量检验项目的平行检测资料。

5. 工序质量要求。

（1）合格等级标准。

1）主控项目，检验结果应全部符合标准 SL 634 第 4.0.4 条的要求。

2）一般项目，逐项应有 70% 及以上的检验点合格，且不合格点不应集中。

3）各项报验资料应符合标准 SL 634 第 3.2.4 条的要求。

（2）优良等级标准。

1）主控项目，检验结果应全部符合标准 SL 634 第 4.0.4 条的要求。

2）一般项目，逐项应有 90% 及以上的检验点合格，且不合格点不应集中。

3）各项报验资料应符合标准 SL 634 第 3.2.4 条的要求。

表 1.2   基面平整压实工序施工质量验收评定表（样表）

单位工程名称			工序编号		
分部工程名称			施工单位		
单元工程名称、编号			施工日期	年 月 日— 年 月 日	

项次		检验项目	质量要求	检查（检测）记录	合格数	合格率/%
主控项目	1	堤基表面压实	堤基清理后应按堤身填筑要求压实，无松土、无弹簧土等，并符合土料碾压筑堤要求			
一般项目	1	基面平整	基面应无明显凹凸			

施工单位自评意见	主控项目检验结果全部符合合格质量标准，一般项目逐项检验点的合格率均大于或等于_____%，且不合格点不集中分布。各项报验资料_____SL 634 标准要求。 工序质量等级评定为：_____ 质检人员： （签字，加盖公章） 年 月 日
监理机构复核评定意见	经复核，主控项目检验结果全部符合合格质量标准，一般项目逐项检验点的合格率均大于或等于_____%，且不合格点不集中分布。各项报验资料_____SL 634 标准要求。 工序质量等级评定为：_____ 监理工程师： （签字，加盖公章） 年 月 日

<u>×××堤防</u>　　工程

表 1.2　　基面平整压实工序施工质量验收评定表（实例）

单位工程名称	×××堤防工程	工序编号	一
分部工程名称	堤基处理	施工单位	×××省水利水电工程局
单元工程名称、编号	堤基清理 （桩号 0＋100～0＋200）	施工日期	2013 年 5 月 11—15 日

项次		检验项目	质量要求	检查（检测）记录	合格数	合格率/%
主控项目	1	堤基表面压实	堤基清理后应按堤身填筑要求压实，无松土、无弹簧土等，并符合土料碾压筑堤要求（设计压实干密度 1.6g/cm³ 的）	已按设计干密度要求进行压实，无松土、弹簧土，清基面积 1000m×20m，共检测 25 点，密度值为 1.59～1.66g/cm³ 之间。（检测值见检测记录，检测记录需将具体检测点桩号、检测数据附表附后）	23	92
一般项目	1	基面平整	基面应无明显凹凸	基面平整，无明显凹凸	—	100
施工单位自评意见			主控项目检验结果全部符合合格质量标准，一般项目逐项检验点的合格率均大于或等于 __90__ ％，且不合格点不集中分布。各项报验资料 __符合__ SL 634 标准要求。 工序质量等级评定为：__优良__ 　　　　　　　　　　　质检人员：×××（签字，加盖公章） 　　　　　　　　　　　2013 年 5 月 15 日			
监理机构复核评定意见			经复核，主控项目检验结果全部符合合格质量标准，一般项目逐项检验点的合格率均大于或等于 __90__ ％，且不合格点不集中分布。各项报验资料 __符合__ SL 634 标准要求。 工序质量等级评定为：__优良__ 　　　　　　　　　　　监理工程师：×××（签字，加盖公章） 　　　　　　　　　　　2013 年 5 月 15 日			

表1.2 基面平整压实工序施工质量验收评定表

填 表 说 明

填表时必须遵守"填表基本要求",并应符合下列要求。

1. 单位工程、分部工程、单元工程名称及部位填写要与表1相同。

2. 堤基压实质量控制指标应符合下列规定。

(1) 堤基为黏性土或少黏性土时应以压实度来控制压实质量;堤基为无黏性土时应以相对密度来控制压实质量。

(2) 堤坡与堤顶填筑(包边盖顶),应按下表中老堤加高培厚的要求控制压实质量。

(3) 不合格样的压实度或相对密度不应低于设计值的96%,且不合格样不应集中分布。

(4) 合格工序的压实度或相对密度等压实指标合格率应符合表"土料填筑压实度或相对密度合格标准"的规定;优良工序的压实指标合格率应超过下表"土料填筑压实度或相对密度合格标准"规定数值的5%以上。

3. 检验(检测)项目的检验(检测)方法、数量及填表说明按下表执行。

检验项目	检验方法	检验数量	填写说明
堤基表面压实	土工试验	每 $400 \sim 800 \text{m}^2$ 取样1个	填写压实面积、设计指标、检测数量,检测结果,检验记录作为备查资料附后
基面平整	观察	全面检查	通过观测,描述基面的平整情况

4. 工序施工质量验收评定应提交下列资料。

(1) 施工单位各班(组)的初检记录、施工队复检记录、施工单位专职质检员终检记录,工序中各施工质量检验项目的检验资料。

(2) 监理单位对工序中施工质量检验项目的平行检测资料。

5. 工序质量要求。

(1) 合格等级标准。

1) 主控项目,检验结果应全部符合标准 SL 634 第4.0.5条的要求。

2) 一般项目,逐项应有70%及以上的检验点合格,且不合格点不应集中。

3) 各项报验资料应符合标准 SL 634 第3.2.4的要求。

(2) 优良等级标准。

1) 主控项目,检验结果应全部符合标准 SL 634 第4.0.5条的要求。

2) 一般项目,逐项应有90%及以上的检验点合格,且不合格点不应集中。

3) 各项报验资料应符合标准 SL 634 第3.2.4条的要求。

表 2　　　　　**土料碾压筑堤单元工程施工质量验收评定表（样表）**

单位工程名称		单元工程量	
分部工程名称		施工单位	
单元工程名称、部位		施工日期	年　月　日— 　年　月　日

项次	工序名称（或编号）	工序质量验收评定等级
1	土料摊铺	
2	△土料碾压基面平整压实	

施工单位 自评意见	各工序施工质量全部合格，其中优良工序占_____％，主要工序达到_____等级。各项报验资料_____SL 634标准要求。 单元工程质量等级评定为：_____ 　　　　　　　　　　　　　　　　　质检人员：　　　（签字，加盖公章） 　　　　　　　　　　　　　　　　　　　　　　　　　　　　年　月　日
监理机构 复核评定 意见	经抽检并查验相关检验报告和检验资料，各工序施工质量全部合格，其中优良工序占_____％，主要工序达到_____等级。各项报验资料_____SL 634标准要求。 单元工程质量等级评定为：_____ 　　　　　　　　　　　　　　　　　监理工程师：　　　（签字，加盖公章） 　　　　　　　　　　　　　　　　　　　　　　　　　　　　年　月　日

注：本表所填"单元工程量"不作为施工单位工程量结算计量的依据

_____×××堤防_____工程

表 2　　　　土料碾压筑堤单元工程施工质量验收评定表（实例）

单位工程名称	×××堤防工程	单元工程量	960m³
分部工程名称	堤身填筑	施工单位	×××省水利水电工程局
单元工程名称、部位	堤身填筑 （桩号 0＋500～1＋000， 高程 134.56m）	施工日期	2013 年 5 月 20—25 日

项次	工序名称（或编号）	工序质量验收评定等级
1	土料摊铺	优良
2	△土料碾压基面平整压实	合格

施工单位 自评意见	各工序施工质量全部合格，其中优良工序占 __50__ ％，主要工序达到 __合格__ 等级。各项报验资料 __符合__ SL 634 标准要求。 　　单元工程质量等级评定为：__合格__ 　　　　　　　　　　　　　　　　质检人员：×××（签字，加盖公章） 　　　　　　　　　　　　　　　　　　　　　　2013 年 5 月 26 日
监理机构 复核评定 意见	经抽检并查验相关检验报告和检验资料，各工序施工质量全部合格，其中优良工序占 __50__ ％，主要工序达到 __合格__ 等级。各项报验资料 __符合__ SL 634 标准要求。 　　单元工程质量等级评定为：__合格__ 　　　　　　　　　　　　　　　　监理工程师：×××（签字，加盖公章） 　　　　　　　　　　　　　　　　　　　　　　2013 年 5 月 27 日
注：本表所填"单元工程量"不作为施工单位工程量结算计量的依据	

表2 土料碾压筑堤单元工程施工质量验收评定表

填 表 说 明

填表时必须遵守"填表基本要求",并应符合下列要求。

1. 本填表说明适用于土料碾压筑堤单元工程施工质量验收评定表的填写。

2. 单元工程划分:土料碾压筑堤单元工程宜按施工的层、段来划分。新堤填筑宜按堤轴线施工段长 100~500m 划分为一个单元工程;老堤加高培厚宜按填筑工程量 500~2000m³ 划分为一个单元工程。单元工程量填写本单元工程量(m³)。

3. 土料碾压筑堤单元工程宜分为土料摊铺和土料碾压两个工序,其中土料碾压工序为主要工序,用△表示。本表是在表2.1及表2.2工序施工质量验收评定合格的基础上进行。

4. 土料碾压筑堤单元工程施工前,应在料场采集代表性土样复核上堤土料的土质,确定压实控制指标,并符合下列规定。

(1)上堤土料的颗粒组成、液限、塑限和塑性指数等指标应符合设计要求。

(2)上堤土料为黏性土或少黏性土的,应通过轻型击实试验,确定其最大干密度和最优含水率。

(3)上堤土料为无黏性土的,应通过相对密度试验,确定其最大干密度和最小干密度。

(4)当上堤土料的土质发生变化或填筑量达到3万 m³ 及以上时,应重新进行上述试验,并及时调整相应控制指标。

5. 本单元工程施工质量验收评定应包括下列资料。

(1)施工单位应提交单元工程中所含工序(或检验项目)验收评定的检验资料。

(2)监理单位应提交对单元工程施工质量的平行检测资料。

6. 单元工程质量要求。

(1)合格等级标准:各工序施工质量验收评定应全部合格;各项报验资料应符合标准 SL 634 第3.3.3条的要求。

(2)优良等级标准:各工序施工质量验收评定应全部合格,其中优良工序应达到50%及以上,且主要工序应达到优良等级;各项报验资料应符合标准 SL 634 第3.3.3条的要求。

表 2.1　　　　　　土料摊铺工序施工质量验收评定表（样表）

单位工程名称				工序编号			
分部工程名称				施工单位			
单元工程名称、编号				施工日期	年 月 日— 年 月 日		

项次		检验项目	质量要求	检查（检测）记录	合格数	合格率/%
主控项目	1	土块直径	符合"铺料厚度和土块限制直径表"的要求			
	2	铺土厚度	符合碾压试验或表"铺料厚度和土块限制直径表"的要求，允许偏差为 $-5.0\sim0$cm			
一般项目	1	作业面分段长度	人工作业不小于 50m；机械作业不小于 100m			
	2	铺填边线超宽值	人工铺料大于 10cm；机械铺料大于 30cm			
			防渗体：$0\sim10$cm			
			包边盖顶：$0\sim10$cm			

施工单位自评意见	主控项目检验结果全部符合合格质量标准，一般项目逐项检验点的合格率均大于或等于_____%，且不合格点不集中分布。各项报验资料_____SL 634 标准要求。 　　工序质量等级评定为：_____ 　　　　　　　　　　　　　　　　　　质检人员：　　（签字，加盖公章） 　　　　　　　　　　　　　　　　　　　　　　　　　年 月 日
监理机构复核评定意见	经复核，主控项目检验结果全部符合合格质量标准，一般项目逐项检验点的合格率均大于或等于_____%，且不合格点不集中分布。各项报验资料_____SL 634 标准要求。 　　工序质量等级评定为：_____ 　　　　　　　　　　　　　　　　　　监理工程师：　　（签字，加盖公章） 　　　　　　　　　　　　　　　　　　　　　　　　　年 月 日

＿＿＿×××堤防＿＿＿工程

表 2.1　　　　土料摊铺工序施工质量验收评定表（实例）

单位工程名称	×××堤防工程	工序编号	一
分部工程名称	**堤身填筑**	施工单位	**×××省水利水电工程局**
单元工程名称、编号	**堤身填筑** **（桩号 0＋500～1＋000，** **高程 134.56m)**	施工日期	**2013 年 5 月 20—24 日**

项次		检验项目	质量要求	检查（检测）记录	合格数	合格率/%
主控项目	1	土块直径	符合 SL 634 第 5.0.5－2"铺料厚度和土块限制直径表"的要求	填筑土料为黏土，最大土块直径不超过 10cm	一	100
	2	铺土厚度	符合 SL 634 第 5.0.7 碾压试验或表"铺料厚度和土块限制直径表"的要求，允许偏差为：－5.0～0cm	碾压参数确定铺土厚度 30cm。铺筑面积为 3000m²。共检测 50 点，合格 46 点，铺厚 32～26cm（检测值见检测记录，检测记录需将具体检测点桩号、检测数据附表附后）	46	92
一般项目	1	作业面分段长度	人工作业不小于 50m； √机械作业不小于 100m	机械作业，作业面长 100m，检查 5 段均满足要求	5	100
	2	铺填边线超宽值	人工铺料大于 10cm； √机械铺料大于 30cm	机械铺料，共检测 10 点合格 9 点，超宽值为 28～65cm 之间（检测值见检测记录，检测记录需将具体检测点桩号、数据附表附后）	9	90
			防渗体：0～10cm	一		
			包边盖顶：0～10cm	一		

施工单位自评意见	主控项目检验结果全部符合合格质量标准，一般项目逐项检验点的合格率均大于或等于 ＿90＿ ％，且不合格点不集中分布。各项报验资料 ＿符合＿ SL 634 标准要求。 　　　　工序质量等级评定为：　**优良** 　　　　　　　　　　　　　　　　　　质检人员：×××（签字，加盖公章） 　　　　　　　　　　　　　　　　　　　　　　　2013 年 5 月 25 日
监理机构复核评定意见	经复核，主控项目检验结果全部符合合格质量标准，一般项目逐项检验点的合格率均大于或等于 ＿90＿ ％，且不合格点不集中分布。各项报验资料 ＿符合＿ SL 634 标准要求。 　　　　工序质量等级评定为：　**优良** 　　　　　　　　　　　　　　　　　　监理工程师：×××（签字，加盖公章） 　　　　　　　　　　　　　　　　　　　　　　　2013 年 5 月 25 日

表 2.1　土料摊铺工序施工质量验收评定表

填 表 说 明

填表时必须遵守"填表基本要求"，并应符合下列要求。

1. 单位工程、分部工程、单元工程名称及部位填写要与表 2 相同。

2. 检验（检测）项目的检验（检测）方法及数量按下表执行。

检验项目	检验方法	检验数量	填 写 说 明
土块直径	观察、量测	全数检查	填写填筑土质情况，土块直径的观测结果
铺土厚度	量测	按作业面积每 100～200m² 检测 1 个点	填写碾压试验确定的参数值，并将量测厚度的结果填入表中。量测记录，作为备查资料保存。一般不小于 10 点
作业面分段长度		全数检查	按照人工作业或机械作业分别填写，并直接填写检查结果
铺填边线超宽值		按堤轴线方向每 20～50m 检测 1 点	表中按照人工或机械作业，直接填写量测值和量测数量。量测记录作为备查资料附后
		按堤轴线方向每 20～30m 或按填筑面积每 100～400m² 检测 1 点	对于防渗体和包边盖顶，直接填写量测值和量测数量。量测记录作为备查资料附后

3. 铺料厚度和土块直径的限制尺寸，宜通过碾压试验确定，在缺乏试验资料时，可参照下表。

铺料厚度和土块限制直径表

压实功能类型	压实机具种类	铺料厚度/cm	土块限制直径/cm
轻型	人工夯、机械夯	15～20	≤5
	5～10t 平碾	20～25	≤8
中型	12～15t 平碾、斗容 2.5m³ 铲运机、5～8t 振动碾	25～30	≤10
重型	斗容大于 7m³ 铲运机、10～16t 振动碾、加载气胎碾	30～50	≤15

4. 工序施工质量验收评定应提交下列资料。

（1）施工单位各班（组）的初检记录、施工队复检记录、施工单位专职质检员终检记录，工序中各施工质量检验项目的检验资料。

（2）监理单位对工序中施工质量检验项目的平行检测资料。

5. 工序质量要求。

（1）合格等级标准。

1）主控项目，检验结果应全部符合标准 SL 634 的要求。

2）一般项目，逐项应有 70％及以上的检验点合格，且不合格点不应集中。

3）各项报验资料应符合标准 SL 634 的要求。

（2）优良等级标准。

1）主控项目，检验结果应全部符合标准 SL 634 的要求。

2）一般项目，逐项应有 90％及以上的检验点合格，且不合格点不应集中。

3）各项报验资料应符合标准 SL 634 的要求。

表 2.2 　　　　　　　**土料碾压工序施工质量验收评定表（样表）**

单位工程名称			工序编号		
分部工程名称			施工单位		
单元工程名称、编号			施工日期	年 月 日— 年 月 日	

项次		检验项目	质量要求	检查（检测）记录	合格数	合格率/%
主控项目	1	压实度或相对密度	应符合设计要求和本说明中"土料填筑压实度或相对密度合格标准"的规定			
一般项目	1	搭接碾压宽度	平行堤轴线方向不小于 0.5m；垂直堤轴线方向不小于 1.5m			
	2	碾压作业程序	应符合《堤防工程施工规范》（SL 260）的规定			

施工单位自评意见	主控项目检验结果全部符合合格质量标准，一般项目逐项检验点的合格率均大于或等于_____％，且不合格点不集中分布。各项报验资料_____SL 634 标准要求。 工序质量等级评定为：_____ 　　　　　　　　　　　　　　　　　　　　质检人员：　　　（签字，加盖公章） 　　　　　　　　　　　　　　　　　　　　　　　　　　年 月 日
监理机构复核评定意见	经复核，主控项目检验结果全部符合合格质量标准，一般项目逐项检验点的合格率均大于或等于_____％，且不合格点不集中分布。各项报验资料_____SL 634 标准要求。 工序质量等级评定为：_____ 　　　　　　　　　　　　　　　　　　　　监理工程师：　　　（签字，加盖公章） 　　　　　　　　　　　　　　　　　　　　　　　　　　年 月 日

_____×××堤防_____工程

表 2.2　　　　　　土料碾压工序施工质量验收评定表（实例）

单位工程名称	×××堤防工程	工序编号	—
分部工程名称	**堤身填筑**	施工单位	**×××省水利水电工程局**
单元工程名称、编号	**堤身填筑** **（桩号 0＋500～1＋000，** **高程 134.56m）**	施工日期	**2013 年 5 月 21—25 日**

项次		检验项目	质量要求	检查（检测）记录	合格数	合格率/%
主控项目	1	压实度或相对密度	_应符合设计要求（1.6g/cm³）和本说明中"土料填筑压实度或相对密度合格标准"的规定_	铺筑面积为 3000m²，共检测50点，其中合格43点，干密度（压实度）在 1.55～1.64g/cm³之间（检测值见检测记录，检测记录需将具体检测点桩号、检测数据附表附后）	43	86
一般项目	1	搭接碾压宽度	平行堤轴线方向不小于 0.5m；垂直堤轴线方向不小于 1.5m	平行于轴线方向 80～100m 为一个作业区；平行于轴线共检测 5 个点 为 0.52m、0.51m、0.55m、0.50m、0.46m；垂直轴线方向 5 个点 1.45m、1.53m、1.55m、1.54m、1.62m	8	80
	2	碾压作业程序	_应符合《堤防工程施工规范》（SL 260—98）第 6.1 的规定_	共检查 10 次，碾压作业采用平碾，碾压方向平行于堤轴线，速度约为 2km/h，边角部位采用小型夯具夯实	—	100

施工单位自评意见	主控项目检验结果全部符合合格质量标准，一般项目逐项检验点的合格率均大于或等于 __70__ ％，且不合格点不集中分布。各项报验资料 **符合** SL 634 标准要求。 　　工序质量等级评定为：__合格__ 　　　　　　　　　　　　　　质检人员：×××（签字，加盖公章） 　　　　　　　　　　　　　　**2013 年 5 月 25 日**
监理机构复核评定意见	经复核，主控项目检验结果全部符合合格质量标准，一般项目逐项检验点的合格率均大于或等于 __90__ ％，且不合格点不集中分布。各项报验资料 **符合** SL 634 标准要求。 　　工序质量等级评定为：__合格__ 　　　　　　　　　　　　　　监理工程师：×××（签字，加盖公章） 　　　　　　　　　　　　　　**2013 年 5 月 26 日**

表 2.2 土料碾压工序施工质量验收评定表

填 表 说 明

填表时必须遵守"填表基本要求",并应符合下列要求。

1. 单位工程、分部工程、单元工程名称及部位填写要与表 2 相同。

2. 检验(检测)项目的检验(检测)方法及数量按下表执行。

检验项目	检验方法	检验数量	填 写 说 明
压实度或相对密度	土工试验	每填筑 100~200m³ 取样 1 个,堤防加固按堤轴线方向每 20~50m 取样 1 个	表中直接填写检测数量和检测结果;如果检测数量较多时,也可以填写检测结果的区间,将检测记录做附件备查
搭接碾压宽度	观察、量测	全数检查	填写作业区长度,随机抽取平行于轴线和垂直于轴线方向机械碾压的搭接宽度,抽取数量不低于 10 点。可将抽取结果直接填写于表中。如果抽查数据较多时,也可填写抽查数量和数值区间,并将抽查记录作为附件备查
碾压作业程序	检查	每台班 2~3 次	表中应填写采用碾压机械设备,碾压行走方向,碾压设备的速度以及辅助措施等

3. 铺土厚度、压实遍数、含水率等压实参数宜通过碾压试验确定,碾压试验报告成果单独成册,并报监理工程师批准后,作为土料碾压作业指导书。土料碾压筑堤的压实质量控制指标应符合下列规定。

(1)上堤土料为黏性土或少黏性土时应以压实度来控制压实质量;上堤土料为无黏性土时应以相对密度来控制压实质量。

(2)堤坡与堤顶填筑(包边盖顶),应按下表中老堤加高培厚的要求控制压实质量。

(3)不合格样的压实度或相对密度不应低于设计值的 96%,且不合格样不应集中分布。

(4)合格工序的压实度或相对密度等压实指标合格率应符合下表的规定;优良工序的压实指标合格率应超过下表规定数值的 5%或以上。

土料填筑压实度或相对密度合格标准

序号	上堤土料	堤防级别	压实度	相对密度	压实度或相对密度合格率/%		
					新筑堤	老堤加高培厚	防渗体
1	黏性土	1 级	≥94	—	≥85	≥85	≥90
		2 级和高度超过 6m 的 3 级堤防	≥92	—	≥85	≥85	≥90
		3 级以下及低于 6m 的 3 级堤防	≥90	—	≥80	≥80	≥85
2	少黏性土	1 级	≥94	—	≥90	≥85	—
		2 级和高度超过 6m 的 3 级堤防	≥92	—	≥90	≥85	—
		3 级以下及低于 6m 的 3 级堤防	≥90	—	≥85	≥80	—
3	无黏性土	1 级	—	≥0.65	≥85	≥85	—
		2 级和高度超过 6m 的 3 级堤防	—	≥0.65	≥85	≥85	—
		3 级以下及低于 6m 的 3 级堤防	—	≥0.60	≥80	≥80	—

4．工序施工质量验收评定应提交下列资料。

（1）施工单位各班（组）的初检记录、施工队复检记录、施工单位专职质检员终检记录，工序中各施工质量检验项目的检验资料。

（2）监理单位对工序中施工质量检验项目的平行检测资料。

5．工序质量要求。

（1）合格等级标准。

1）主控项目，检验结果应全部符合标准 SL 634 第 5.0.7 条的要求。

2）一般项目，逐项应有 70％及以上的检验点合格，且不合格点不应集中。

3）各项报验资料应符合标准 SL 634 第 3.2.3 条的要求。

（2）优良等级标准。

1）主控项目，检验结果应全部符合标准 SL 634 第 5.0.7 条的要求。

2）一般项目，逐项应有 90％及以上的检验点合格，且不合格点不应集中。

3）各项报验资料应符合标准 SL 634 第 3.2.3 条的要求。

表 3　　　　　**土料吹填筑堤单元工程施工质量验收评定表（样表）**

单位工程名称		单元工程量	
分部工程名称		施工单位	
单元工程名称、部位		施工日期	年　月　日—　年　月　日

项次	工序名称（或编号）	工序质量验收评定等级
1	围堰修筑	
2	△土料吹填	

施工单位自评意见	各工序施工质量全部合格，其中优良工序占_____％，主要工序达到_____等级。各项报验资料_____SL 634 标准要求。 单元工程质量等级评定为：_____ 　　　　　　　　　　　　　　质检人员：　　　（签字，加盖公章） 　　　　　　　　　　　　　　　　　　　　　　　年　月　日
监理机构复核评定意见	经抽检并查验相关检验报告和检验资料，各工序施工质量全部合格，其中优良工序占_____％，主要工序达到_____等级。各项报验资料_____SL 634 标准要求。 单元工程质量等级评定为：_____ 　　　　　　　　　　　　　　监理工程师：　　　（签字，加盖公章） 　　　　　　　　　　　　　　　　　　　　　　　年　月　日

注：本表所填"单元工程量"不作为施工单位工程量结算计量的依据

×××堤防 工程

表 3 　　　　　土料吹填筑堤单元工程施工质量验收评定表（实例）

单位工程名称	×××堤防工程	单元工程量	1020m³
分部工程名称	堤身填筑	施工单位	×××省水利水电工程处
单元工程名称、部位	堤身填筑 （桩号 2＋400～2＋700， 高程 112.36m）	施工日期	2013 年 7 月 12—18 日

项次	工序名称（或编号）	工序质量验收评定等级
1	围堰修筑	优良
2	△土料吹填	优良

施工单位 自评意见	各工序施工质量全部合格，其中优良工序占 __100__ ％，主要工序达到 __优良__ 等级。各项报验资料 **符合** SL 634 标准要求。 　　单元工程质量等级评定为： **优良** 　　　　　　　　　　　　　　　质检人员：×××（签字，加盖公章） 　　　　　　　　　　　　　　　　　　　　　2013 年 7 月 19 日
监理机构 复核评定 意见	经抽检并查验相关检验报告和检验资料，各工序施工质量全部合格，其中优良工序占 __100__ ％，主要工序达到 __优良__ 等级。各项报验资料 **符合** SL 634 标准要求。 　　单元工程质量等级评定为： **优良** 　　　　　　　　　　　　　　　监理工程师：×××（签字，加盖公章） 　　　　　　　　　　　　　　　　　　　　　2013 年 7 月 20 日
注：本表所填"单元工程量"不作为施工单位工程量结算计量的依据

表3 土料吹填筑堤单元工程施工质量验收评定表

填 表 说 明

填表时必须遵守"填表基本要求"，并应符合下列要求。

1. 单元工程划分：宜按一个吹填围堰区段（仓）或按堤轴线施工段长 100～500m 划分为一个单元工程。单元工程量填写本单元工程量（m³）。

2. 土料吹填筑堤单元工程宜分为围堰修筑和土料吹填两个工序，其中土料吹填工序为主要工序，用△表示。本表是在表 3.1 及表 3.2 工序施工质量验收评定合格的基础上进行。

3. 土料吹填筑堤单元工程施工前，应采集代表性土样复核围堰土质、确定压实控制指标以及吹填土料的土质，并符合下列规定。

（1）上堤土料的颗粒组成、液限、塑限和塑性指数等指标应符合设计要求。

（2）上堤土料为黏性土或少黏性土的，应通过轻型击实试验，确定其最大干密度和最优含水率。

（3）上堤土料为无黏性土的，应通过相对密度试验，确定其最大干密度和最小干密度。

（4）当上堤土料的土质发生变化或填筑量达到 3 万 m³ 及以上时，应重新进行上述试验，并及时调整相应控制指标。

4. 本单元工程施工质量验收评定应包括下列资料。

（1）施工单位应提交单元工程中所含工序（或检验项目）验收评定的检验资料。

（2）监理单位应提交对单元工程施工质量的平行检测资料。

5. 单元工程质量要求。

（1）合格等级标准：各工序施工质量验收评定应全部合格；各项报验资料应符合标准 SL 634 的要求。

（2）优良等级标准：各工序施工质量验收评定应全部合格，其中优良工序应达到 50％ 及以上，且主要工序应达到优良等级；各项报验资料应符合标准 SL 634 的要求。

_____工程

表 3.1　　　　围堰修筑工序施工质量验收评定表（样表）

单位工程名称			工序编号			
分部工程名称			施工单位			
单元工程名称、编号			施工日期			

项次		检验项目	质量要求	检查（检测）记录	合格数	合格率/%
主控项目	1	铺土厚度	符合 SL 634 第 5.0.7 碾压试验或表"铺料厚度和土块限制直径表"的要求，允许偏差为－5.0～0cm			
	2	围堰压实	应符合设计要求和"土料填筑压实度或相对密度合格标准"中老堤加高培厚合格率要求			
一般项目	1	铺填边线超宽值	人工铺料大于 10cm；√机械铺料大于 30cm			
	2	围堰取土坑距堰、堤脚距离	不小于 3m			
施工单位自评意见		主控项目检验结果全部符合合格质量标准，一般项目逐项检验点的合格率均大于或等于_____%，且不合格点不集中分布。各项报验资料_____SL 634标准要求。 　　工序质量等级评定为：_____ 　　　　　　　　　　　　　　　　　　质检人员：　　　（签字，加盖公章） 　　　　　　　　　　　　　　　　　　　　　　　　　年　月　日					
监理机构复核评定意见		经复核，主控项目检验结果全部符合合格质量标准，一般项目逐项检验点的合格率均大于或等于_____%，且不合格点不集中分布。各项报验资料_____SL 634标准要求。 　　工序质量等级核定为：_____ 　　　　　　　　　　　　　　　　　　监理工程师：　　　（签字，加盖公章） 　　　　　　　　　　　　　　　　　　　　　　　　　年　月　日					

<u>　　×××　　</u>工程

表 3.1　　　　　**围堰修筑工序施工质量验收评定表（实例）**

单位工程名称	×××堤防工程	工序编号	—
分部工程名称	**堤身填筑**	施工单位	**×××省水利水电工程处**
单元工程名称、编号	**堤身填筑** **（桩号 2＋400～2＋700，** **高程 112.36m）**	施工日期	**2013 年 7 月 12—14 日**

项次		检验项目	质量要求	检查（检测）记录	合格数	合格率/%
主控项目	1	铺土厚度	符合 SL 634 第 5.0.7 碾压试验或表"铺料厚度和土块限制直径表"的要求，允许偏差为 －5.0～0cm	碾压参数确定铺土厚度 30cm。铺筑面积为 200m²。共检测 10 点，其中合格 9 点，铺厚 32～26cm（检测值见检测记录，检测记录需将具体检测点桩号、检测数据附表附后）	9	90
	2	围堰压实	应符合设计（1.6g/cm³）要求和"土料填筑压实度或相对密度合格标准"中老堤加高培厚合格率要求	填筑面积 200m²。共检测 10 点，其中合格 10 点，干密度（压实度）在 1.6～1.67g/cm³ 之间（检测值见检测记录，检测记录需将具体检测点桩号、检测数据附表附后）	10	100
一般项目	1	铺填边线超宽值	人工铺料大于 10cm； √机械铺料大于 30cm	机械铺料，共检测 10 点，合格 9 点，超宽值为 28～65cm 之间（检测值见检测记录，检测记录需将具体检测点桩号、检测数据附表附后）	9	90
	2	围堰取土坑距堰、堤脚距离	不小于 3m	共检测 2 点，其中合格 2 点，堰脚距堤脚距离分别为 3.4m、3.2m	2	100
施工单位自评意见			主控项目检验结果全部符合合格质量标准，一般项目逐项检验点的合格率均大于或等于 <u>90</u> ％，且不合格点不集中分布。各项报验资料 <u>符合</u> SL 634 标准要求。 　　　　工序质量等级评定为： <u>优良</u> 　　　　　　　　　　　　　　　　　　质检人员：×××（签字，加盖公章） 　　　　　　　　　　　　　　　　　　　　　　　2013 年 7 月 14 日		
监理机构复核评定意见			经复核，主控项目检验结果全部符合合格质量标准，一般项目逐项检验点的合格率均大于或等于 <u>90</u> ％，且不合格点不集中分布。各项报验资料 <u>符合</u> SL 634 标准要求。 　　　　工序质量等级核定为： <u>优良</u> 　　　　　　　　　　　　　　　　　　监理工程师：×××（签字，加盖公章） 　　　　　　　　　　　　　　　　　　　　　　　2013 年 7 月 15 日		

表 3.1　围堰修筑工序施工质量验收评定表
填 表 说 明

填表时必须遵守"填表基本要求",并应符合下列要求。

1. 单位工程、分部工程、单元工程名称及部位填写要与表 3 相同。

2. 围堰铺土厚度应满足下表要求。

压实功能类型	压实机具种类	铺料厚度/cm	土块限制直径/cm
轻型	人工夯、机械夯	15～20	≤5
	5～10t 平碾	20～25	≤8
中型	12～15t 平碾、斗容 2.5m³ 铲运机、5～8t 振动碾	25～30	≤10
重型	斗容大于 7m³ 铲运机、10～16t 振动碾、加载气胎碾	30～50	≤15

3. 围堰压实应符合设计要求和下表中老堤加高培厚合格率的要求。

上堤土料	堤防级别	压实度	相对密度	压实度或相对密度合格率/%		
				新筑堤	老堤加高培厚	防渗体
黏性土	1 级	≥94	—	≥85	≥85	≥90
	2 级和高度超过 6m 的 3 级堤防	≥92	—	≥85	≥85	≥90
	3 级以下及低于 6m 的 3 级堤防	≥90	—	≥80	≥80	≥85
少黏性土	1 级	≥94	—	≥90	≥85	—
	2 级和高度超过 6m 的 3 级堤防	≥92	—	≥90	≥85	—
	3 级以下及低于 6m 的 3 级堤防	≥90	—	≥85	≥80	—
无黏性土	1 级	—	≥0.65	≥85	≥85	—
	2 级和高度超过 6m 的 3 级堤防	—	≥0.65	≥85	≥85	—
	3 级以下及低于 6m 的 3 级堤防	—	≥0.60	≥80	≥80	—

4. 检验(检测)项目的检验(检测)方法及数量按下表执行。

检验项目	检验方法	检验数量	填写说明
铺土厚度	量测	按作业面积每 100～200m² 检测 1 点	表中可填写铺土厚度量测数量和数值;如果数据较多时,也可填写数值区间,并将量测记录作为备查资料附后
围堰压实	土工试验	按堰长每 20～50m 测 1 点	表中直接填写检测数量和检测结果;如果检测数量较多时,也可以填写检测结果的区间,将检测记录做附件备查
铺填边线超宽值	量测	按堰长每 50～100m 测 1 个断面	直接填写量测值
围堰取土坑距堰、堤脚距离	量测	按堰长每 50～100m 测 1 点	应写明吹填面或就近取土位置,并按照检测数量进行量测,直接填写量测值

5. 工序施工质量验收评定应提交下列资料。

（1）施工单位各班（组）的初检记录、施工队复检记录、施工单位专职质检员终检记录，工序中各施工质量检验项目的检验资料。

（2）监理单位对工序中施工质量检验项目的平行检测资料。

6. 工序质量要求。

（1）合格等级标准。

1）主控项目，检验结果应全部符合标准 SL 634 第 6.0.4 条的要求。

2）一般项目，逐项应有 70% 及以上的检验点合格，且不合格点不应集中。

3）各项报验资料应符合标准 SL 634 第 3.2.4 条的要求。

（2）优良等级标准。

1）主控项目，检验结果应全部符合标准 SL 634 第 6.0.4 条的要求。

2）一般项目，逐项应有 90% 及以上的检验点合格，且不合格点不应集中。

3）各项报验资料应符合标准 SL 634 第 3.2.4 条的要求。

表 3.2　　　　　土料吹填工序施工质量验收评定表（样表）

单位工程名称		工序编号	
分部工程名称		施工单位	
单元工程名称、编号		施工日期	

项次		检验项目	质量要求	检查（检测）记录	合格数	合格率/%
主控项目	1	吹填干密度	应符合设计要求			
	2	吹填高程	允许偏差为0～+0.3m			
一般项目	1	输泥管出口位置	按照批准的施工组织设计，合理安放、适时调整，吹填区沿程沉积的泥沙颗粒无显著差异			

施工单位自评意见	主控项目检验结果全部符合合格质量标准，一般项目逐项检验点的合格率均大于或等于_____%，且不合格点不集中分布。各项报验资料_____SL 634标准要求。 　　工序质量等级评定为：_____ 　　　　　　　　　　　　　　　质检人员：　　　（签字，加盖公章） 　　　　　　　　　　　　　　　　　　　　　　　　　年　月　日
监理机构复核评定意见	经复核，主控项目检验结果全部符合合格质量标准合格，一般项目逐项检验点的合格率均大于或等于_____，且不合格点不集中分布。各项报验资料_____SL 634标准要求。 　　工序质量等级评定为：_____ 　　　　　　　　　　　　　　　监理工程师：　　　（签字，加盖公章） 　　　　　　　　　　　　　　　　　　　　　　　　　年　月　日

_____×××_____工程

表 3.2　　　土料吹填工序施工质量验收评定表（实例）

单位工程名称	×××堤防工程	工序编号	一
分部工程名称	**堤身填筑**	施工单位	**×××省水利水电工程处**
单元工程名称、编号	**堤身填筑** **（桩号 2＋400～2＋700，** **高程 112.36m）**	施工日期	**2013 年 7 月 14—18 日**

项次		检验项目	质量要求	检查（检测）记录	合格数	合格率/%
主控项目	1	吹填干密度	应符合设计要求（设计干密度 1.56g/cm³）	**填筑面积 1800m²。共检测 10 点，其中合格 10 点，干密度（压实度）在设计值之间，符合设计要求。详见试验记录**	**10**	**100**
	2	吹填高程	设计高程 112.60m，允许偏差为 0～＋0.3m	**本次吹填为老堤背水侧加高培厚，共检测 10 个点，分别为 112.60m、112.61m、112.56m、112.65m、112.67m、112.65m、112.58m、112.69m、112.75m、112.80m**	**10**	**100**
一般项目	1	输泥管出口位置	按照批准的施工组织设计，合理安放、适时调整，吹填区沿程沉积的泥沙颗粒无显著差异	**背水侧加高培厚，采用分仓吹填，出口位置根据仓块位置进行调整；泥沙沿程沉积颗粒无显著差异**	**—**	**100**

施工单位自评意见	主控项目检验结果全部符合合格质量标准，一般项目逐项检验点的合格率均大于或等于 __**90**__ %，且不合格点不集中分布。各项报验资料 __**符合**__ SL 634 标准要求。 　　工序质量等级评定为：__**优良**__ <div align="right">质检人员：×××（签字，加盖公章） 2013 年 7 月 19 日</div>
监理机构复核评定意见	经复核，主控项目检验结果全部符合合格质量标准合格，一般项目逐项检验点的合格率均大于或等于 __**90**__ %，且不合格点不集中分布。各项报验资料 __**符合**__ SL 634 标准要求。 　　工序质量等级评定为：__**优良**__ <div align="right">监理工程师：×××（签字，加盖公章） 2013 年 7 月 20 日</div>

32

表 3.2 土料吹填工序施工质量验收评定表

填 表 说 明

填表时必须遵守"填表基本要求",并应符合下列要求。

1. 单位工程、分部工程、单元工程名称及部位填写要与表 3 相同。

2. 检验(检测)项目的检验(检测)方法及数量按下表执行。

检验项目	检验方法	检验数量	填写说明
吹填干密度①	土工试验	每 200~400m² 取样 1 个	填写设计干密度值,并按照检测要求进行取样试验,将检测结果直接填写在表中,如果检测数量较多时,也可填写检测结果的区间,并将检测记录作为备查资料留存
吹填高程	测量	按堤轴线方向每 50~100m 测 1 断面,每断面 10~20m 测 1 点	吹填高程与项目划分时每层的设计高度有关,新堤吹填时,吹填高度 0.3~0.5m;老堤加固时,吹填不超过 1.0m。直接填写测量高程
输泥管出口位置	观察	全面检查	根据施工部位,填写输泥管出口的布置情况,并要说明沿程区沉积颗粒的变化情况,如有显著变化,相应的控制指标和施工措施要做适当调整

① 除吹填筑新堤外,可不作要求。

3. 工序施工质量验收评定应提交下列资料。

(1)施工单位各班(组)的初检记录、施工队复检记录、施工单位专职质检员终检记录,工序中各施工质量检验项目的检验资料。

(2)监理单位对工序中施工质量检验项目的平行检测资料。

4. 工序质量要求。

(1)合格等级标准。

1)主控项目,检验结果应全部符合标准 SL 634 的要求。

2)一般项目,逐项应有 70% 及以上的检验点合格,且不合格点不应集中。

3)各项报验资料应符合标准 SL 634 第 3.2.4 条的要求。

(2)优良等级标准。

1)主控项目,检验结果应全部符合标准 SL 634 的要求。

2)一般项目,逐项应有 90% 及以上的检验点合格,且不合格点不应集中。

3)各项报验资料应符合标准 SL 634 第 3.2.4 条的要求。

_____工程

表 4　堤身与建筑物结合部填筑单元工程施工质量验收评定表（样表）

单位工程名称		单元工程量	
分部工程名称		施工单位	
单元工程名称、部位		施工日期	年 月 日— 年 月 日

项次	工序名称（或编号）	工序质量验收评定等级
1	建筑物表面涂浆	
2	△结合部填筑	

施工单位 自评意见	各工序施工质量全部合格，其中优良工序占_____％，主要工序达到_____等级。各项报验资料_____SL 634 标准要求。 　　单元工程质量等级评定为：_____ 　　　　　　　　　　　　　　质检人员：　　（签字，加盖公章） 　　　　　　　　　　　　　　　　　　　　　　　　年　月　日
监理机构 复核评定 意见	经抽检并查验相关检验报告和检验资料，各工序施工质量全部合格，其中优良工序占_____％，主要工序达到_____等级。各项报验资料_____SL 634 标准要求。 　　单元工程质量等级评定为：_____ 　　　　　　　　　　　　　　监理工程师：　　（签字，加盖公章） 　　　　　　　　　　　　　　　　　　　　　　　　年　月　日
注：本表所填"单元工程量"不作为施工单位工程量结算计量的依据	

表 4　堤身与建筑物结合部填筑单元工程施工质量验收评定表（实例）

单位工程名称	×××堤防工程	单元工程量	630m³
分部工程名称	堤身填筑	施工单位	×××省水利水电工程局
单元工程名称、部位	堤身填筑 （桩号 3＋500～4＋600）	施工日期	2013 年 6 月 13—20 日

项次	工序名称（或编号）	工序质量验收评定等级
1	建筑物表面涂浆	优良
2	△结合部填筑	优良

施工单位 自评意见	各工序施工质量全部合格，其中优良工序占　100　％，主要工序达到　优良　等级。各项报验资料　符合　SL 634 标准要求。 　　单元工程质量等级评定为：　优良 　　　　　　　　　　　　　　质检人员：×××（签字，加盖公章） 　　　　　　　　　　　　　　2013 年 6 月 21 日
监理机构 复核评定 意见	经抽检并查验相关检验报告和检验资料，各工序施工质量全部合格，其中优良工序占　100　％，主要工序达到　优良　等级。各项报验资料　符合　SL 634 标准要求。 　　单元工程质量等级评定为：　优良 　　　　　　　　　　　　　　监理工程师：×××（签字，加盖公章） 　　　　　　　　　　　　　　2013 年 6 月 22 日

注：本表所填"单元工程量"不作为施工单位工程量结算计量的依据

表4 堤身与建筑物结合部填筑单元工程施工质量验收评定表

填 表 说 明

填表时必须遵守"填表基本要求",并应符合下列要求。

1. 单元工程划分:单元工程划分宜按填筑工程量相近的原则,可将5个以下填筑层划分为一个单元工程。单元工程量填写本单元工程量(m³)。

2. 堤身与建筑物结合部填筑单元工程宜分为建筑物表面涂浆和结合部填筑两个工序,其中结合部填筑工序为主要工序。本表是在表4.1及表4.2工序施工质量验收评定合格的基础上进行的。

3. 堤身与建筑物结合部填筑单元工程施工前,应采集代表性土样复核填筑土料的土质、确定压实指标,并符合下列规定。

(1) 上堤土料的颗粒组成、液限、塑限和塑性指数等指标应符合设计要求。

(2) 上堤土料为黏性土或少黏性土的,应通过轻型击实试验,确定其最大干密度和最优含水率。

(3) 上堤土料为无黏性土的,应通过相对密度试验,确定其最大干密度和最小干密度。

(4) 当上堤土料的土质发生变化或填筑量达到3万m³及以上时,应重新进行上述试验,并及时调整相应控制指标。

4. 本单元工程施工质量验收评定应包括下列资料。

(1) 施工单位应提交单元工程中所含工序(或检验项目)验收评定的检验资料,各项实体检验项目的检验记录资料。

(2) 监理单位应提交对单元工程施工质量的平行检测资料。

5. 单元工程质量要求。

(1) 合格等级标准:各工序施工质量验收评定应全部合格;各项报验资料应符合标准SL 634第3.3.3条的要求。

(2) 优良等级标准:各工序施工质量验收评定应全部合格,其中优良工序应达到50%及以上,且主要工序应达到优良等级;各项报验资料应符合标准SL 634第3.3.3条的要求。

表 4.1　　　　**建筑物表面涂浆工序施工质量验收评定表（样表）**

单位工程名称			工序编号			
分部工程名称			施工单位			
单元工程名称、编号			施工日期	年　月　日—　　年　月　日		
项次		检验项目	质量要求	检查（检测）记录	合格数	合格率/%
主控项目	1	制浆土料	应符合设计要求；塑性指数 $I_p > 17$			
一般项目	1	建筑物表面清理	清除建筑物表面乳皮、粉尘及附着杂物			
	2	涂层泥浆浓度	水土重量比为 1:2.5～1:3.0			
	3	涂浆操作	建筑物表面洒水，涂浆高度与铺土厚度一致，且保持涂浆层湿润			
	4	涂层厚度	3～5mm			
施工单位自评意见		主控项目检验结果全部符合合格质量标准，一般项目逐项检验点的合格率均大于或等于_____％，且不合格点不集中分布。各项报验资料_____SL 634标准要求。 　　工序质量等级评定为：_____ 　　　　　　　　　　　　　　　　质检人员：　　　（签字，加盖公章） 　　　　　　　　　　　　　　　　　　　　　　年　月　日				
监理机构复核评定意见		经复核，主控项目检验结果全部符合合格质量标准，一般项目逐项检验点的合格率均大于或等于_____％，且不合格点不集中分布。各项报验资料_____SL 634标准要求。 　　工序质量等级评定为：_____ 　　　　　　　　　　　　　　　　监理工程师：　　　（签字，加盖公章） 　　　　　　　　　　　　　　　　　　　　　　年　月　日				

表 4.1　　建筑物表面涂浆工序施工质量验收评定表（实例）

单位工程名称	×××堤防工程	工序编号	—
分部工程名称	堤身填筑	施工单位	×××省水利水电工程局
单元工程名称、编号	堤身填筑 （桩号 3＋500～4＋600）	施工日期	2013 年 6 月 13 日—20 日

项次		检验项目	质量要求	检查（检测）记录	合格数	合格率/%
主控项目	1	制浆土料	应符合设计要求（黏性土）；塑性指数 I_p＞17	制浆土料为黏性土，塑性指数经试验检测为 19（检测值见检测记录，检测记录需将具体检测点桩号、检测数据附表附后）	—	100
一般项目	1	建筑物表面清理	清除建筑物表面乳皮、粉尘及附着杂物	建筑物表面乳皮、粉尘及附着物已全部清除	—	—
	2	涂层泥浆浓度	水土重量比为 1∶2.5～1∶3.0	涂层泥浆浓度控制在 1∶2.5～1∶3.0 之间，符合质量要求（检测值见检测记录，检测记录需将具体检测点桩号、检测数据附表附后）	—	100
	3	涂浆操作	建筑物表面洒水，涂浆高度与铺土厚度一致，且保持涂浆层湿润	建筑物表面已洒水，涂浆高度与铺土厚度一致，铺土过程中涂浆层保持湿润	—	100
	4	涂层厚度	3～5mm	涂层厚度为 2.9～4.0mm，达到质量要求	—	100

施工单位自评意见	主控项目检验结果全部符合合格质量标准，一般项目逐项检验点的合格率均大于或等于 ＿90＿ %，且不合格点不集中分布。各项报验资料 ＿符合＿ SL 634 标准要求。 　　工序质量等级评定为：＿优良＿ 　　　　　　　　　　　　　质检人员：×××（签字，加盖公章） 　　　　　　　　　　　　　2013 年 6 月 21 日
监理机构复核评定意见	经复核，主控项目检验结果全部符合合格质量标准合格，一般项目逐项检验点的合格率均大于或等于 ＿90＿ %，且不合格点不集中分布。各项报验资料 ＿符合＿ SL 634 标准要求。 　　工序质量等级评定为：＿优良＿ 　　　　　　　　　　　　　监理工程师：×××（签字，加盖公章） 　　　　　　　　　　　　　2013 年 6 月 22 日

表 4.1 建筑物表面涂浆工序施工质量验收评定表

填 表 说 明

填表时必须遵守"填表基本要求",并应符合下列要求。

1. 单位工程、分部工程、单元工程名称及部位填写要与表 4 相同。

2. 检验(检测)项目的检验(检测)方法及数量按下表执行。

检验项目	检验方法	检验数量	填 写 说 明
制浆土料	土工试验	每料源取样 1 个	填写制浆土料的类型和塑性指数值
建筑物表面清理	观察	全数检查	填写建筑物表面乳皮、粉尘及附着杂物清理情况
涂层泥浆浓度	试验	每台班测 1 次	填写检测试验值。用土水重比例直接表达
涂浆操作	观察	全数检查	填写涂浆操作的具体方法和措施即可。严禁泥浆干固后再铺土、夯实
涂层厚度	观察		

3. 工序施工质量验收评定应提交下列资料。

(1) 施工单位各班(组)的初检记录、施工队复检记录、施工单位专职质检员终检记录,工序中各施工质量检验项目的检验资料。

(2) 监理单位对工序中施工质量检验项目的平行检测资料。

4. 工序质量要求。

(1) 合格等级标准。

1) 主控项目,检验结果应全部符合标准 SL 634 第 7.0.4 条的要求。

2) 一般项目,逐项应有 70% 及以上的检验点合格,且不合格点不应集中。

3) 各项报验资料应符合标准 SL 634 第 3.2.4 条的要求。

(2) 优良等级标准。

1) 主控项目,检验结果应全部符合标准 SL 634 第 7.0.4 条的要求。

2) 一般项目,逐项应有 90% 及以上的检验点合格,且不合格点不应集中。

3) 各项报验资料应符合标准 SL 634 第 3.2.4 条的要求。

_____工程

表 4.2　　　　结合部填筑工序施工质量验收评定表（样表）

单位工程名称		工序编号		
分部工程名称		施工单位		
单元工程名称、编号		施工日期	年　月　日—　年　月　日	

项次		检验项目	质量要求	检查（检测）记录	合格数	合格率/%
主控项目	1	土块直径	<5cm			
	2	铺土厚度	15～20cm			
	3	土料填筑压实度	符合设计和表"土料填筑压实度或相对密度合格标准"中新筑堤的要求			
一般项目	1	铺填边线超宽值	人工铺料大于 10cm；机械铺料大于 30cm			

施工单位自评意见	主控项目检验结果全部符合合格质量标准，一般项目逐项检验点的合格率均大于或等于_____%，且不合格点不集中分布。各项报验资料_____SL 634标准要求。 　　工序质量等级评定为：_____ 　　　　　　　　　　　　　　　　　质检人员：　（签字，加盖公章） 　　　　　　　　　　　　　　　　　　　　　　　年　月　日
监理机构复核评定意见	经复核，主控项目检验结果全部符合合格质量标准，一般项目逐项检验点的合格率均大于或等于_____%，且不合格点不集中分布。各项报验资料_____SL 634标准要求。 　　工序质量等级核定为：_____ 　　　　　　　　　　　　　　　　　监理工程师：　（签字，加盖公章） 　　　　　　　　　　　　　　　　　　　　　　　年　月　日

40

＿＿＿＿＿×××＿＿＿＿＿工程

表 4.2　　　　结合部填筑工序施工质量验收评定表（实例）

单位工程名称	×××堤防工程	工序编号	—		
分部工程名称	堤身填筑	施工单位	×××省水利水电工程局		
单元工程名称、编号	堤身填筑 （桩号 3＋500～4＋600）	施工日期	2013 年 6 月 13—18 日		

项次		检验项目	质量要求	检查（检测）记录	合格数	合格率/%
主控项目	1	土块直径	＜5cm	—	—	—
	2	铺土厚度	15～20cm	共检测 10 点，合格 9 点，铺土厚度在 14～20cm 之间，（检测值见检测记录，检测记录需将具体检测点桩号、检测数据附表附后）	9	90
	3	土料填筑压实度	符合设计（1.6g/cm³）和表"土料填筑压实度或相对密度合格标准"中新筑堤的要求	共检测 10 点，干密度（压实度）在 1.57～1.63g/cm³ 之间。（检测值见检测记录，检测记录需将具体检测点桩号、检测数据附表附后）	9	90
一般项目	1	铺填边线超宽值	人工铺料大于 10cm； √机械铺料大于 30cm	机械铺填，共测 10 点，合格 9 点，超填值 27～46cm 之间。（检测值见检测记录，检测记录需将具体检测点桩号、检测数据附表附后）	9	90

施工单位自评意见	主控项目检验结果全部符合合格质量标准，一般项目逐项检验点的合格率均大于或等于 __90__ %，且不合格点不集中分布。各项报验资料 __符合__ SL 634 标准要求。 　　工序质量等级评定为：__优良__ 　　　　　　　　　　　　　　质检人员：×××（签字，加盖公章） 　　　　　　　　　　　　　　　　　　　　2013 年 6 月 21 日
监理机构复核评定意见	经复核，主控项目检验结果全部符合合格质量标准合格，一般项目逐项检验点的合格率均大于或等于 __90__ %，且不合格点不集中分布。各项报验资料 __符合__ SL 634 标准要求。 　　工序质量等级核定为：__优良__ 　　　　　　　　　　　　　　监理工程师：×××（签字，加盖公章） 　　　　　　　　　　　　　　　　　　　　2013 年 6 月 22 日

表 4.2　结合部填筑工序施工质量验收评定表
填 表 说 明

填表时必须遵守"填表基本要求"，并应符合下列要求。

1. 单位工程、分部工程、单元工程名称及部位填写要与表 4 相同。

2. 土料碾压筑堤的压实质量控制指标应符合下列规定。

（1）上堤土料为黏性土或少黏性土时应以压实度来控制压实质量；上堤土料为无黏性土时应以相对密度来控制压实质量。

（2）堤坡与堤顶填筑（包边盖顶），应按下表中老堤加高培厚的要求控制压实质量。

（3）不合格样的压实度或相对密度不应低于设计值的 96％，且不合格样不应集中分布。

（4）合格工序的压实度或相对密度等压实指标合格率应符合下表的规定；优良工序的压实指标合格率应超过下表规定数值的 5％或以上。

土料填筑压实度或相对密度合格标准

上堤土料	堤防级别	压实度	相对密度	压实度或相对密度合格率/％		
				新筑堤	老堤加高培厚	防渗体
黏性土	1 级	≥94	—	≥85	≥85	≥90
	2 级和高度超过 6m 的 3 级堤防	≥92	—	≥85	≥85	≥90
	3 级以下及低于 6m 的 3 级堤防	≥90	—	≥80	≥80	≥85
少黏性土	1 级	≥94	—	≥90	≥85	—
	2 级和高度超过 6m 的 3 级堤防	≥92	—	≥90	≥85	—
	3 级以下及低于 6m 的 3 级堤防	≥90	—	≥85	≥85	—
无黏性土	1 级	—	≥0.65	≥85	≥85	—
	2 级和高度超过 6m 的 3 级堤防	—	≥0.65	≥85	≥85	—
	3 级以下及低于 6m 的 3 级堤防	—	≥0.60	≥80	≥80	—

3. 检验（检测）项目的检验（检测）方法及数量按下表执行。

检验项目	检验方法	检验数量	填 写 说 明
土块直径	观察	全数检查	填写填筑土质情况，土块直径的观测结果
铺土厚度	量测	每层测 1 点	填写碾压试验确定的参数值，并将量测厚度的结果填入表中。量测记录，作为备查资料保存。一般不小于 10 点
土料填筑压实度	试验	每层至少取样 1 个	表中直接填写检测数量和检测结果；如果检测数量较多时，也可以填写检测结果的区间，将检测记录做附件备查
铺填边线超宽值	量测	每层测 1 点	表中按照人工或机械作业，直接填写量测值和量测数量。量测记录作为备查资料附后

4. 工序施工质量验收评定应提交下列资料。

（1）施工单位各班（组）的初检记录、施工队复检记录、施工单位专职质检员终检记录，工序中各施工质量检验项目的检验资料。

（2）监理单位对工序中施工质量检验项目的平行检测资料。

5. 工序质量要求。

（1）合格等级标准。

1）主控项目，检验结果应全部符合标准 SL 634 第 6.0.5 条的要求。

2）一般项目，逐项应有 70% 及以上的检验点合格，且不合格点不应集中。

3）各项报验资料应符合标准 SL 634 第 3.2.4 条的要求。

（2）优良等级标准。

1）主控项目，检验结果应全部符合标准 SL 634 第 6.0.5 条的要求。

2）一般项目，逐项应有 90% 及以上的检验点合格，且不合格点不应集中。

3）各项报验资料应符合标准 SL 634 第 3.2.4 条的要求。

_____工程

表 5　　散抛石护脚单元工程施工质量验收评定表（样表）

单位工程名称				单元工程量		
分部工程名称				施工单位		
单元工程名称、部位				施工日期		
项次		检验项目	质量要求	检查（检测）记录	合格数	合格率/%
主控项目	1	抛投数量	应符合设计要求，允许偏差为0～＋10%			
	2	抛投程序	符合《堤防工程施工规范》（SL 260）或抛投试验要求			
一般项目	1	抛投断面	应符合设计要求			
	2	石料的块径、块重	应符合设计要求			
施工单位自评意见			主控项目全部符合合格质量标准，一般项目逐项检验点的合格率均大于_____%，且不合格点不集中分布。各项报验资料_____SL 634标准要求。 　单元工程质量等级评定为：_____ 　　　　　　　　　　　　　　　　　质检人员：　　（签字，加盖公章） 　　　　　　　　　　　　　　　　　　　　　　　年 月 日				
监理机构复核评定意见			经抽检并查验相关检验报告和检验资料，主控项目全部符合合格质量标准，一般项目逐项检验点的合格率均大于_____%，且不合格点不集中分布。各项报验资料_____SL 634标准要求。 　单元工程质量等级评定为：_____ 　　　　　　　　　　　　　　　　　监理工程师：　　（签字，加盖公章） 　　　　　　　　　　　　　　　　　　　　　　　年 月 日				

44

<u>×××护岸</u> 工程

表5　　　散抛石护脚单元工程施工质量验收评定表（实例）

单位工程名称	××护岸工程 （0+000～3+000）	单元工程量	480m³
分部工程名称	散抛石护脚工程 （0+000～0+600）	施工单位	×××省水利水电工程处
单元工程名称、部位	散抛石护脚工程 （0+000～0+060）	施工日期	2012年8月16—20日

项次		检验项目	质量要求	检查（检测）记录	合格数	合格率/%
主控项目	1	抛投数量	应符合设计要求（设计445m³），允许偏差为0～+10%	抛投数量大于设计要求量8%。见备查表	—	100
	2	抛投程序	符合《堤防工程施工规范》（SL 260）或抛投试验要求	抛投程序满足抛投试验要求。见备查表	—	100
一般项目	1	抛投断面	应符合设计要求（见技施图纸）	每20m长测一个断面，每个断面测2点，共计12点，详见备查表	10	83
	2	石料的块径、块重	应符合设计要求，设计块径≥25cm，设计块重≥22kg。薄片、条状、尖角状、逊径小块石及风化石等剔除	现场全数检查后进行抽测。块径：22cm、25cm、28cm、21cm、35cm、40cm、32cm、30cm、28cm、42cm；块重：20kg、25kg、30kg、23kg、40kg、47kg、28kg、21kg、35kg、41kg	16	80

施工单位自评意见	主控项目全部符合合格质量标准，一般项目逐项检验点的合格率均大于　<u>70</u>　％，且不合格点不集中分布。各项报验资料　<u>符合</u>　SL 634标准要求。 单元工程质量等级评定为：　<u>合格</u> 　　　　　　　　　　　　　　　　　质检人员：×××（签字，加盖公章） 　　　　　　　　　　　　　　　　　2012年8月20日
监理机构复核评定意见	经抽检并查验相关检验报告和检验资料，主控项目全部符合合格质量标准，一般项目逐项检验点的合格率均大于　<u>70</u>　％，且不合格点不集中分布。各项报验资料　<u>符合</u>　SL 634标准要求。 单元工程质量等级核定为：　<u>合格</u> 　　　　　　　　　　　　　　　　　监理工程师：×××（签字，加盖公章） 　　　　　　　　　　　　　　　　　2012年8月21日

表5 散抛石护脚单元工程施工质量验收评定表

填 表 说 明

填表时必须遵守"填表基本要求",并应符合下列要求。

1. 单元工程划分:防冲体护脚工程宜按平顺护岸的施工段长 60~80m 或以每个丁坝、垛的护脚工程为一个单元工程。

2. 单元工程量:填写本单元工程量(m^3)。

3. 本单元工程不划分工序。

4. 检验(检测)项目的检验(检测)方法及数量按下表执行。

检验项目	检验方法	检验数量	填写说明
抛投数量	量测	全数检查	1. 设计量与实际抛投进行比对后填写; 2. 标注备查资料; 3. 评定表"合格数"栏目中划"—",不能空白
抛投程序	检查		评定表检测记录栏中定性描述,评定表"合格数"栏目中划"—",不能空白
抛投断面	量测	抛投前、后每 20~50m 测 1 个横断面,每横断面 5~10m 测 1 点	1. 按标准要求及检测计划进行检测,记录好每个断面的检测数据; 2. 评定表检测记录栏中按检测统计结果进行填写,标注备查资料
石料的块径、块重	检查	全数检查,进行抽检	应填写设计指标,随机抽检石料的块径和块重,将抽查数据直接填写于表中

5. 单元工程施工质量验收评定应提交下列资料。

(1)施工单位对主控项目及一般项目的各检验项目的检查(检测)原始记录资料。施工单位自检记录格式见备查资料"单元(工序)工程施工质量检验备查表",备查表应进行编号,其填写需用黑色碳素笔按现场检查(检测)实际取得的结果进行填写,各检测结果记录栏中应标注设计指标。

(2)抛投试验资料。

(3)监理单位对单元工程施工质量的平行检测资料,平行检测记录格式见备查资料"单元(工序)工程监理平行检测记录备查表"。备查表应进行编号,其填写需用黑色碳素笔按现场检查(检测)实际取得的结果进行填写,各检测结果记录栏中应标注设计指标(或规范代号及规范要求的主要指标)。

6. 单元工程质量评定。

(1)合格等级标准。

1)主控项目,检验结果应全部符合标准 SL 634 的要求。

2)一般项目,逐项应有 70% 及以上的检验点合格,且不合格点不应集中。

3)各项报验资料应符合标准 SL 634 的要求。

（2）优良等级标准。

1）主控项目，检验结果应全部符合标准 SL 634 的要求。

2）一般项目，逐项应有 90％及以上的检验点合格，且不合格点不应集中。

3）各项报验资料应符合标准 SL 634 的要求。

表 6　　　　石笼防冲体护脚单元工程施工质量验收评定表（样表）

单位工程名称				单元工程量		
分部工程名称				施工单位		
单元工程名称、部位				施工日期		
项次		检验项目	质量要求	检查（检测）记录	合格数	合格率/％
主控项目	1	钢筋（丝）笼网目尺寸	不大于填充块石的最小块径			
	2	抛投数量	应符合设计要求，允许偏差为 0～＋10％			
	3	抛投程序	符合《堤防工程施工规范》（SL 260）或抛投试验要求			
一般项目	1	防冲体体积	应符合设计要求；允许偏差为 0～＋10％			
	2	抛投断面	应符合设计要求			
施工单位自评意见	主控项目检验结果全部符合合格质量标准，一般项目逐项检验点的合格率均大于_____％，且不合格点不集中分布。各项报验资料_____ SL 634 标准要求。 单元工程质量等级评定为：_____ 　　　　　　　　　　　　　　　　质检人员：　　（签字，加盖公章） 　　　　　　　　　　　　　　　　　　　　　　　　年　月　日					
监理机构复核评定意见	经抽检并查验相关检验报告和资料，主控项目检验结果全部符合合格质量标准，一般项目逐项检验点的合格率均大于_____％，且不合格点不集中分布。各项报验资料_____ SL 634 标准要求。 单元工程质量等级核定为：_____ 　　　　　　　　　　　　　　　　监理工程师：　　（签字，加盖公章） 　　　　　　　　　　　　　　　　　　　　　　　　年　月　日					

＿＿＿×××护岸＿＿＿工程

表6　　　石笼防冲体护脚单元工程施工质量验收评定表（实例）

单位工程名称	×××护岸工程 (0＋000～3＋000)		单元工程量	520m³	
分部工程名称	石笼防冲体护脚工程 (1＋000～1＋600)		施工单位	×××省水利水电工程处	
单元工程名称、部位	石笼防冲体护脚工程 (1＋000～1＋080)		施工日期	2012年10月13—17日	
项次		检验项目	质量要求	检查（检测）记录	合格数	合格率/%
主控项目	1	钢筋（丝）笼网目尺寸	不大于填充块石的最小块径（设计填充块石最小块径15m）	钢筋（丝）笼网目尺寸为10cm×10cm，全部符合标准，见备查表	—	100
	2	抛投数量	应符合设计要求（见技施图），允许偏差为0～＋10%	抛投数量大于设计要求量8%，见备查表	—	100
	3	抛投程序	符合《堤防工程施工规范》（SL 260—98）第7.0.3条4款的要求执行	抛投程序满足抛投试验要求	—	100
一般项目	1	防冲体体积	应符合设计要求（设计单个笼体体积为：100cm×60cm×60cm）；允许偏差为0～＋10%	全数检查，偏差值在0～＋9%范围，见备查表	—	100
	2	抛投断面	应符合设计要求（见技施图）	每20m长测一个断面，每个断面测2点，共计12点，详见备查表	10	83.3
施工单位自评意见	主控项目检验结果全部符合合格质量标准，一般项目逐项检验点的合格率均大于＿70＿%，且不合格点不集中分布。各项报验资料＿符合＿SL 634标准要求。 单元工程质量等级评定为：＿合格＿ 　　　　　　　　　　　　　质检人员：　　　（签字，加盖公章） 　　　　　　　　　　　　　　　　　　　　　2012年10月14日				
监理机构复核评定意见	经抽检并查验相关检验报告和资料，主控项目检验结果全部符合合格质量标准，一般项目逐项检验点的合格率均大于＿70＿%，且不合格点不集中分布。各项报验资料＿符合＿SL 634标准要求。 单元工程质量等级核定为：＿合格＿ 　　　　　　　　　　　　　监理工程师：　　　（签字，加盖公章） 　　　　　　　　　　　　　　　　　　　　　2012年10月15日				

表6 石笼防冲体护脚单元工程施工质量验收评定表
填 表 说 明

填表时必须遵守"填表基本要求"，并应符合下列要求。

1. 单元工程划分：防冲体护脚工程宜按平顺护岸的施工段长 60～80m 或以每个丁坝、垛的护脚工程为一个单元工程。

2. 单元工程量：填写本单元工程量（m³）。

3. 单元工程不划分工序。

4. 填写说明。

检验项目	检验方法	检验数量	填写说明
钢筋（丝）笼网目尺寸	观察（目测、卷尺配合检查）	全数检查	1. 结合实际情况进行现场检查，分为现场制作和从厂家进货； 2. "合格数"栏划"—"，不能空白
抛投数量	量测（可按方格网进行控制，测算出设计要求的笼体量，实际抛投时按笼体个数进行计量，做好相应记录，最后进行统计）	全数检查	1. 结合现场实际施工条件进行计量。通过与抛投比对后进行填写； 2. 标注备查资料； 3. 评定表"合格数"栏目中划"—"，不能空白
抛投程序	检查（按网格控制、抛投试验等进行检查，做好自检记录）	全数检查	评定表检测记录栏中定性描述，评定表"合格数"栏目中划"—"，不能空白
防冲体体积	检测（卷尺量测）	全数检查	结合实际情况进行现场检查，如全数检测后，偏差值有不在允许范围内的，要在检查（检测）记录栏中写明检测统计数，在合格数栏中填写合格数
抛投断面	量测（抛投在水下时，GPS 定位仪、声探测仪、吊锤、竹竿等）	抛投前、后每 20～50m 测 1 个横断面，每横断面 5～10m 测 1 点	1. 按标准要求及检测计划进行检测，记录好每个断面的检测数据； 2. 评定表检测记录栏中按检测统计结果进行填写，标注备查资料

5. 质量评定标准。

（1）合格等级标准。

1）主控项目，检验结果应全部符合标准 SL 634 的要求。

2）一般项目，逐项应有 70％及以上的检验点合格，且不合格点不应集中。

3）各项报验资料应符合标准 SL 634 的要求。

（2）优良等级标准。

1）主控项目，检验结果应全部符合标准 SL 634 的要求。

2）一般项目，逐项应有 90％及以上的检验点合格，且不合格点不应集中。

3）各项报验资料应符合标准 SL 634 的要求。

表7   预制防冲体单元工程施工质量验收评定表（样表）

单位工程名称				单元工程量			
分部工程名称				施工单位			
单元工程名称、部位				施工日期			

项次		检验项目	质量要求	检查（检测）记录	合格数	合格率/%
主控项目	1	预制防冲体尺寸	不小于设计值（设计预制块最小块径20cm）			
	2	抛投数量	应符合设计要求，允许偏差为0～＋10％			
	3	抛投程序	符合《堤防工程施工规范》（SL 260）或抛投试验要求			
一般项目	1	预制防冲体外观	无断裂、无严重破损			
	2	抛投断面	应符合设计要求			

施工单位自评意见	主控项目检验结果全部符合合格质量标准，一般项目逐项检验点的合格率均大于_____％，且不合格点不集中分布。各项报验资料_____SL 634标准要求。
	
	单元工程质量等级评定为：_____
	
	                                        质检人员： （签字，加盖公章）
	                                                            年 月 日

监理机构复核评定意见	经抽检并查验相关检验报告和资料，主控项目检验结果全部符合合格质量标准，一般项目逐项检验点的合格率均大于_____％，且不合格点不集中分布。各项报验资料_____SL 634标准要求。
	
	单元工程质量等级核定为：_____
	
	                                        监理工程师： （签字，加盖公章）
	                                                            年 月 日

×××护岸 工程

表7　　预制防冲体单元工程施工质量验收评定表（实例）

单位工程名称	×××护岸工程	单元工程量	196m³
分部工程名称	预制防冲体护脚工程 （1＋000～1＋600）	施工单位	×××省水利水电工程局
单元工程名称、部位	预制防冲体护脚工程 （1＋000～1＋060）	施工日期	2013年9月14—19日

项次		检验项目	质量要求	检查（检测）记录	合格数	合格率/%
主控项目	1	预制防冲体尺寸	不小于设计值（设计预制块最小块径20cm）	采用预制素混凝土块，长、宽、高均为30cm，强度为C15抽查20块，满足设计要求	20	100
	2	抛投数量	应符合设计要求设计抛投数量180m³（见技施图），允许偏差为0～＋10%	设计要求距堤脚6m范围内，厚度不低于0.5m。实际抛投数量196m³，大于设计要求量8%。见备查表		100
	3	抛投程序	符合《堤防工程施工规范》（SL 260—98）第7.0.3条4款的要求执行	在抛投前对抛投区的水深、流速、断面进行了初步测量，采用船运输预制块，人工抛投；GPS定位，从上游到下游依次抛投符合规范要求	—	100
一般项目	1	预制防冲体外观	无断裂、无严重破损	预制混凝土块无断裂、无破损	—	100
	2	抛投断面	应符合设计要求（见技施图）	每20m长测1个断面，每个断面测3点，共计12点，详见备查表	10	83.3

施工单位自评意见	主控项目检验结果全部符合合格质量标准，一般项目逐项检验点的合格率均大于___70___%，且不合格点不集中分布。各项报验资料___符合___SL 634标准要求。 单元工程质量等级评定为：___合格___ 质检人员：　　　　　　（签字，加盖公章） 2012年9月20日
监理机构复核评定意见	经抽检并查验相关检验报告和资料，主控项目检验结果全部符合合格质量标准，一般项目逐项检验点的合格率均大于___70___%，且不合格点不集中分布。各项报验资料___符合___SL 634标准要求。 单元工程质量等级评定为：___合格___ 监理工程师：　　　　　　（签字，加盖公章） 2012年9月21日

表7 预制防冲体单元工程施工质量验收评定表

填 表 说 明

填表时必须遵守"填表基本要求",并应符合下列要求。

1. 单元工程划分:防冲体护脚工程宜按平顺护岸的施工段长 60~80m 或以每个丁坝、垛的护脚工程为一个单元工程。

2. 单元工程量:填写本单元工程量（m^3）。

3. 填写说明。

检验项目	检验方法	检验数量	填写说明
预制防冲体尺寸	量测	全数检查	预制体一般采用标准生产制备,预制体的尺寸在生产时进行控制。根据实际生产的尺寸进行填写
抛投数量	量测（可按方格网进行控制,测算出设计要求的抛投量,实际抛投时按标准块数进行计量,做好相应记录,最后进行统计）	全数检查	1. 结合现场实际施工条件进行计量。通过与抛投比对后进行填写; 2. 标注备查资料; 3. 评定表"合格数"栏目中划"—",不能空白
抛投程序	记录抛投顺序、要求与规范进行对照检查	全数检查	评定表检测记录栏中定性描述,评定表"合格数"栏目中划"—",不能空白
预制防冲体外观	观察	全数检查	如实填写观察的情况
抛投断面	量测（抛投在水下时,GPS 定位仪、声探测仪、吊锤、竹竿等）	抛投前后每 20~50m 测 1 个横断面,每横断面 5~10m 测 1 点	1. 按标准要求及检测计划进行检测,记录好每个断面的检测数据; 2. 评定表检测记录栏中按检测统计结果进行填写,标注备查资料

4. 工序质量评定标准。

（1）合格等级标准。

1）主控项目,检验结果应全部符合标准 SL 634 的要求。

2）一般项目,逐项应有 70% 及以上的检验点合格,且不合格点不应集中。

3）各项报验资料应符合标准 SL 634 的要求。

（2）优良等级标准。

1）主控项目,检验结果应全部符合标准 SL 634 的要求。

2）一般项目,逐项应有 90% 及以上的检验点合格,且不合格点不应集中。

3）各项报验资料应符合标准 SL 634 的要求。

5. 本单元工程质量验收评定应包括下列资料。

（1）混凝土预制防冲体制备工序质量验收评定表。

（2）混凝土预制防冲体制备工序自检表、检查（检测）原始记录。

（3）砂石骨料、水泥等原材料等检验试验成果。

（4）混凝土预制块防冲体抛投施工记录、抛投区的水深、流速、断面等测量。

（5）混凝土预制块防冲体抛投试验资料。

（6）混凝土预制块防冲体抛投工序自检表以及完成抛投后的检查（检测）原始记录。

（7）监理单位对混凝土预制块防冲体抛投质量的检查、检测资料。

表 8　　　土工袋防冲体单元工程施工质量验收评定表（样表）

单位工程名称				单元工程量		
分部工程名称				施工单位		
单元工程名称、部位				施工日期		
项次		检验项目	质量要求	检查（检测）记录	合格数	合格率/％
主控项目	1	土工袋（包）封口	封口应牢固			
	2	抛投数量	应符合设计要求，允许偏差为 0～+10％			
	3	抛投程序	符合《堤防工程施工规范》（SL 260）或抛投试验要求			
一般项目	1	土工袋（包）充填度	70％～80％			
	2	抛投断面	应符合设计要求			
施工单位自评意见		主控项目检验结果全部符合合格质量标准，一般项目逐项检验点的合格率均大于_____％，且不合格点不集中分布。各项报验资料_____SL 634 标准要求。 单元工程质量等级评定为：_____ 　　　　　　　　　　　　　　　　　质检人员：　　（签字，加盖公章） 　　　　　　　　　　　　　　　　　　　　　　　　　年 月 日					
监理机构复核评定意见		经抽检并查验相关检验报告和资料，主控项目检验结果全部符合合格质量标准，一般项目逐项检验点的合格率均大于_____％，且不合格点不集中分布。各项报验资料_____SL 634标准要求。 单元工程质量等级评定为：_____ 　　　　　　　　　　　　　　　　　监理工程师：　　（签字，加盖公章） 　　　　　　　　　　　　　　　　　　　　　　　　　年 月 日					

×××护岸　工程

表 8　　　　土工袋防冲体单元工程施工质量验收评定表（实例）

单位工程名称	×××险工护岸工程	单元工程量	360m³
分部工程名称	土工袋防冲体护脚工程 （0＋000～0＋560）	施工单位	×××省水利水电工程局
单元工程名称、部位	土工袋防冲体护脚工程 （0＋000～0＋080）	施工日期	2013 年 9 月 1—9 日

项次		检验项目	质量要求	检查（检测）记录	合格数	合格率/%
主控项目	1	土工袋（包）封口	封口应牢固	采用长丝抗老化高密度土工袋，封口采用尼龙丝机器缝制	10	100
	2	抛投数量	设计要求（见技施图），允许偏差为 0～＋10%	设计抛投范围：堤脚 6m 范围内，堤脚处为 1m，最远不少于 0.5m，抛投数量 360m³，实际抛投数量为 380m³，满足设计要求		100
	3	抛投程序	符合《堤防工程施工规范》（SL 260—98）第 7.0.3 条 2 款的要求执行	采用岸上抛投为主，船上抛投辅助的方式。将 6m 长滑板固定在岸边，人工将土工袋顺滑板滑下，抛投不到的位置用船辅助抛投	—	100
一般项目	1	土工袋（包）充填度	70%～80%，充填度约 75% 左右，重量不低于 50kg	土工袋内装填砂砾石料，抽查 10 个袋，为 51kg、52kg、49kg、50.5kg、50.5kg、51kg、52kg、50kg、49.5kg、51kg	8	80
	2	抛投断面	应符合设计要求（见技施图）	每 20m 长测一个断面，每个断面测 4 点，共计 16 点，详见备查表	12	75
施工单位自评意见			主控项目检验结果全部符合合格质量标准，一般项目逐项检验点的合格率均大于 ___70___ %，且不合格点不集中分布。各项报验资料 _符合_ SL 634 标准要求。 　　单元工程质量等级评定为：　_符合_ 　　　　　　　　　　　　质检人员：×××（签字，加盖公章） 　　　　　　　　　　　　　　　　　　　2013 年 9 月 10 日			
监理机构复核评定意见			经抽检并查验相关检验报告和资料，主控项目检验结果全部符合合格质量标准，一般项目逐项检验点的合格率均大于 ___70___ %，且不合格点不集中分布。各项报验资料 _符合_ SL 634标准要求。 　　单元工程质量等级评定为：　_合格_ 　　　　　　　　　　　　监理工程师：×××（签字，加盖公章） 　　　　　　　　　　　　　　　　　　　2013 年 9 月 12 日			

表8　土工袋防冲体单元工程施工质量验收评定表
填 表 说 明

填表时必须遵守"填表基本要求",并应符合下列要求。

1. 单元工程划分:防冲体护脚工程宜按平顺护岸的施工段长 60～80m 或以每个丁坝、垛的护脚工程为一个单元工程。

2. 单元工程量:填写本单元工程量(m^3)。

3. 检验方法、检验数量、检测记录的填写说明。

检验项目	检验方法	检验数量	填写说明
土工袋(包)封口	观察	全数检查	填写土工袋的材料、封口的措施,随机抽查封口的牢固情况进行描述
抛投数量	量测,实际抛投时按土工袋个数进行计量,做好相应记录,最后进行统计	全数检查	1. 结合现场实际施工条件进行计量,通过与抛投比对后进行填写; 2. 标注备查资料; 3. 评定表"合格数"栏目中划"—",不能空白
抛投程序	检查(按实际抛投程序进行检查记录)	全数检查	评定表检测记录栏中定性描述,评定表"合格数"栏目中划"—",不能空白
土工袋(包)充填度	观察、量测	全数检查	符合 SL 260 规范要求,填充度 70%～80%,单袋重不低于 50kg;随机抽查 10 批次以上,观察填充度情况,以及量测重量,实测值填写表内
抛投断面	量测(抛投在水下时,GPS 定位仪、声探测仪、吊锤、竹竿等)	抛投前后每 20～50m 测 1 个横断面,每横断面 5～10m 测 1 点	1. 按标准要求及检测计划进行检测,记录好每个断面的检测数据; 2. 评定表检测记录栏中按检测统计结果进行填写,标注备查资料

4. 工序质量评定标准。

(1)合格等级标准。

1)主控项目,检验结果应全部符合标准 SL 634 的要求。

2)一般项目,逐项应有 70% 及以上的检验点合格,且不合格点不应集中。

3)各项报验资料应符合标准 SL 634 的要求。

(2)优良等级标准。

1)主控项目,检验结果应全部符合标准 SL 634 的要求。

2)一般项目,逐项应有 90% 及以上的检验点合格,且不合格点不应集中。

3)各项报验资料应符合标准 SL 634 的要求。

5. 工序质量验收评定应包括下列资料。

(1)土工袋防冲体抛投工序质量验收评定表。

(2)土工袋防冲体抛投施工记录、检查(检测)原始记录。

(3)监理单位对土工袋抛投工序的检查、检测资料等。

表 9　　　　冰上石笼沉排护脚单元工程施工质量验收评定表（样表）

单位工程名称		单元工程量	
分部工程名称		施工单位	
单元工程名称、部位		施工日期	
项次	工序名称（或编号）	工序质量验收评定等级	
1	沉排锚定		
2	△沉排铺设		
施工单位自评意见	各工序施工质量全部合格，其中优良工序占_____％，主要工序达到_____等级。各项报验资料_____SL 634 标准要求。 单元工程质量等级评定为：_____ 质检人员：　　（签字，加盖公章） 年　月　日		
监理机构复核评定意见	经抽检并查验相关检验报告和检验资料，各工序施工质量全部合格，其中优良工序占_____％，主要工序达到_____等级。各项报验资料_____SL 634 标准要求。 单元工程质量等级核定为：_____ 监理工程师：　　（签字，加盖公章） 年　月　日		
注：本表所填"单元工程量"不作为施工单位工程量结算计量的依据			

＿＿＿×××护岸＿＿＿工程

表 9　　　　冰上石笼沉排护脚单元工程施工质量验收评定表（实例）

单位工程名称	×××护岸工程	单元工程量	650m²
分部工程名称	石笼沉排护脚 （0＋300～0＋600）	施工单位	×××省水利水电工程处
单元工程名称、部位	石笼沉排护脚 （0＋300～0＋350）	施工日期	2010 年 1 月 10—20 日

项次	工序名称（或编号）	工序质量验收评定等级
1	沉排锚定	合格
2	△沉排铺设	合格
施工单位 自评意见	各工序施工质量全部合格，其中优良工序占 ＿—＿％，主要工序达到 ＿合格＿ 等级。各项报验资料 **符合** SL 634 标准要求。 　　单元工程质量等级评定为： ＿合格＿ 　　　　　　　　　　　　　　　　质检人员：×××（签字，加盖公章） 　　　　　　　　　　　　　　　　　　　　　　2010 年 1 月 21 日	
监理机构 复核评定 意见	经抽检并查验相关检验报告和检验资料，各工序施工质量全部合格，其中优良工序占 ＿—＿％，主要工序达到 ＿合格＿ 等级。各项报验资料 **符合** SL 634 标准要求。 　　单元工程质量等级核定为： ＿合格＿ 　　　　　　　　　　　　　　　　监理工程师：×××（签字，加盖公章） 　　　　　　　　　　　　　　　　　　　　　　2010 年 1 月 22 日	

注：本表所填"单元工程量"不作为施工单位工程量结算计量的依据

表9 冰上石笼沉排护脚单元工程施工质量验收评定表
填 表 说 明

填表时必须遵守"填表基本要求",并应符合下列要求:

1. 单元工程划分:沉排护脚工程宜按平顺护岸的施工段长 60～80m 或以每个丁坝、垛的护脚工程为一个单元工程。单元工程量填写本单元工程量(m、m² 或 m³)。

2. 沉排护脚单元工程宜分为沉排锚定和沉排铺设两个工序,其中沉排铺设工序为主要工序。本表是在表 9.1 及表 9.2(按沉排设计类型进行选择)工序施工质量验收评定合格的基础上进行。

3. 本单元工程施工质量验收评定应包括下列资料。

(1)施工单位应提交单元工程中所含工序(或检验项目)验收评定的检验资料,原材料与各项实体检验项目的检验记录资料。

(2)监理单位应提交对单元工程施工质量的平行检测资料。

4. 单元工程质量要求。

(1)合格等级标准:各工序施工质量验收评定应全部合格;各项报验资料应符合标准 SL 634 的要求。

(2)优良等级标准:各工序施工质量验收评定应全部合格,其中优良工序应达到 50% 及以上,且主要工序应达到优良等级;各项报验资料应符合标准 SL 634 的要求。

表 9.1　　　冰上石笼沉排锚定工序施工质量验收评定表（样表）

单位工程名称			工序编号	
分部工程名称			施工单位	
单元工程名称、编号			施工日期	

项次		检验项目	质量要求	检查（检测）记录	合格数	合格率/%
主控项目	1	系排梁、锚桩等锚定系统的制作	应符合设计要求			
一般项目	1	锚定系统平面位置及高程	允许偏差为±10cm			
	2	系排梁或锚桩尺寸	允许偏差为±3cm			

施工单位自评意见	主控项目检验结果全部符合合格质量标准，一般项目逐项检验点的合格率均大于或等于_____％，且不合格点不集中分布。各项报验资料_____SL 634标准要求。 　　工序质量等级评定为：_____ 　　　　　　　　　　　　　　　　　质检人员：　　（签字，加盖公章） 　　　　　　　　　　　　　　　　　　　　　　　　　　年 月 日
监理机构复核评定意见	经复核，主控项目检验结果全部符合合格质量标准，一般项目逐项检验点的合格率均大于或等于_____％，且不合格点不集中分布。各项报验资料_____SL 634标准要求。 　　工序质量等级核定为：_____ 　　　　　　　　　　　　　　　　　监理工程师：　　（签字，加盖公章） 　　　　　　　　　　　　　　　　　　　　　　　　　　年 月 日

<u>×××护岸</u> 工程

表 9.1 　　　　**冰上石笼沉排锚定工序施工质量验收评定表（实例）**

单位工程名称	×××护岸工程	工序编号	—
分部工程名称	石笼沉排护脚 （0＋300～0＋600）	施工单位	×××省水利水电工程处
单元工程名称、编号	石笼沉排护脚 （0＋300～0＋350）	施工日期	2010 年 1 月 10—15 日

项次		检验项目	质量要求	检查（检测）记录	合格数	合格率/%
主控项目	1	系排梁、锚桩等锚定系统的制作	应符合设计要求（设计要求石笼沉排直接锚定在护坡固脚的钢筋石笼上，锚定间距 30cm，锚定材料 8 号铅丝）	固脚钢筋石笼作为锚固系统，宽度为 80cm，高度 120cm，随机抽查 10 点，符合设计要求	10	100
一般项目	1	锚定系统平面位置及高程	允许偏差为±10cm（设计高程 137.40m）	锚定系统所处位置为 5 年一遇枯水位高程。137.30m、137.35m、137.50m、137.60m、137.38m、137.40m、137.45m、137.55m、137.33m、137.35m	8	80
	2	系排梁或锚桩尺寸	允许偏差为±3cm	—	—	—

施工单位自评意见	主控项目检验结果全部符合合格质量标准，一般项目逐项检验点的合格率均大于或等于<u>　70　</u>％，且不合格点不集中分布。各项报验资料<u>　符合　</u>SL 634 标准要求。 　工序质量等级评定为：<u>　合格　</u> 　　　　　　　　　　　　　　　　　质检人员：×××（签字，加盖公章） 　　　　　　　　　　　　　　　　　**2010 年 1 月 16 日**
监理机构复核评定意见	经复核，主控项目检验结果全部符合合格质量标准，一般项目逐项检验点的合格率均大于或等于<u>　70　</u>％，且不合格点不集中分布。各项报验资料<u>　符合　</u>SL 634 标准要求。 　工序质量等级评定为：<u>　合格　</u> 　　　　　　　　　　　　　　　　　监理工程师：×××（签字，加盖公章） 　　　　　　　　　　　　　　　　　**2010 年 1 月 17 日**

表 9.1 冰上石笼沉排锚定工序施工质量验收评定表

填 表 说 明

填表时必须遵守"填表基本要求",并应符合下列要求。

1. 单位工程、分部工程、单元工程名称及部位填写要与表 9 相同。

2. 检验(检测)项目的检验(检测)方法及数量按下表执行。

检验项目	检验方法	检验数量	填写说明
系排梁、锚桩等锚定系统的制作	参照标准 SL 634		填写设计的具体要求,对锚定系统进行描述并进行相应的量测,检验值填写于表中
锚定系统平面位置及高程	量测	全数检查	
系排梁或锚桩尺寸	量测	每 5m 长系排梁或每 5 根锚桩检测 1 处(点)	

3. 工序施工质量验收评定应提交下列资料。

(1) 施工单位各班(组)的初检记录、施工队复检记录、施工单位专职质检员终检记录,工序中各施工质量检验项目的检验资料。

(2) 监理单位对工序中施工质量检验项目的平行检测资料。

4. 工序质量要求。

(1) 合格等级标准。

1) 主控项目,检验结果应全部符合标准 SL 634 的要求。

2) 一般项目,逐项应有 70% 及以上的检验点合格,且不合格点不应集中。

3) 各项报验资料应符合标准 SL 634 的要求。

(2) 优良等级标准。

1) 主控项目,检验结果应全部符合标准 SL 634 的要求。

2) 一般项目,逐项应有 90% 及以上的检验点合格,且不合格点不应集中。

3) 各项报验资料应符合标准 SL 634 的要求。

表 9.2　　　　冰上石笼沉排铺设工序施工质量验收评定表（样表）

单位工程名称			工序编号		
分部工程名称			施工单位		
单元工程名称、编号			施工日期		
项次		检验项目	质量要求	检查（检测）记录	合格数	合格率/％
主控项目	1	石笼沉排制作与安装	应符合设计要求			
	2	沉排搭接宽度	不小于设计值			
一般项目	1	沉排保护层厚度	不小于设计值			
	2	沉排铺放高程	允许偏差为±0.2m			
施工单位自评意见	主控项目检验结果全部符合合格质量标准，一般项目逐项检验点的合格率均大于或等于_____％，且不合格点不集中分布。各项报验资料_____SL 634标准要求。 　　工序质量等级评定为：_____ 　　　　　　　　　　　　　　　　质检人员：　　　（签字，加盖公章） 　　　　　　　　　　　　　　　　　　　　　　　年　月　日					
监理机构复核评定意见	经复核，主控项目检验结果全部符合合格质量标准，一般项目逐项检验点的合格率均大于或等于_____％，且不合格点不集中分布。各项报验资料_____SL 634标准要求。 　　工序质量等级评定为：_____ 　　　　　　　　　　　　　　　　监理工程师：　　　（签字，加盖公章） 　　　　　　　　　　　　　　　　　　　　　　　年　月　日					

表9.2　　　冰上石笼沉排铺设工序施工质量验收评定表（实例）

单位工程名称	×××护岸工程		工序编号		一	
分部工程名称	石笼沉排护脚 （0＋300～0＋600）		施工单位		×××省水利水电工程处	
单元工程名称、编号	石笼沉排护脚 （0＋300～0＋350）		施工日期		2010年1月10—20日	
项次		检验项目	质量要求	检查（检测）记录	合格数	合格率/％
主控项目	1	石笼沉排制作与安装	应符合设计要求（石笼设计宽×高为40cm×40cm，长度为12～15m，外包材料为土工格栅网，网孔不大于10cm，石笼之间用高强尼龙绳连接）	在冰厚达到25cm厚以上时，在护脚部位，先铺设无纺布，在上面按设计要求制作格栅石笼，网格排长为12～15m，石笼之间采用高强尼龙绳连接（见附图表示）	—	100
	2	沉排搭接宽度	不小于设计值（搭接宽度50cm）	沉排排布搭接宽度为0.5m，采用缝制。经随机抽查5处，符合设计要求	5	100
一般项目	1	沉排保护层厚度	不小于设计值（设计40cm）	排布上铺设40cm厚土工格栅石笼作为压载，同时保护排布，检查10个点，为：41m、42m、40m、39m、38m、40m、40.5m、39.5m、41m、40.5m	7	70
	2	沉排铺放高程	允许偏差为±0.2m	—	—	—

施工单位自评意见	主控项目检验结果全部符合合格质量标准，一般项目逐项检验点的合格率均大于或等于 70 ％，且不合格点不集中分布。各项报验资料 符合 SL 634标准要求。 工序质量等级评定为： 合格 质检人员：×××（签字，加盖公章） 2010年1月21日
监理机构复核评定意见	经复核，主控项目检验结果全部符合合格质量标准，一般项目逐项检验点的合格率均大于或等于 70 ％，且不合格点不集中分布。各项报验资料 符合 SL 634标准要求。 工序质量等级评定为： 合格 监理工程师：×××（签字，加盖公章） 2010年1月22日

表 9.2 冰上石笼沉排铺设工序施工质量验收评定表

填 表 说 明

填表时必须遵守"填表基本要求",并应符合下列要求。

1. 单位工程、分部工程、单元工程名称及部位填写要与表 9 相同。

2. 检验(检测)项目的检验(检测)方法及数量按下表执行。

检验项目	检验方法	检验数量	填写说明
石笼沉排制作与安装	观察	全数检查	填写设计要求;简单描述沉排的制作与安装过程,并做相应的检查
沉排搭接宽度	量测	每条搭接缝或每 30m 长搭接缝检查 1 点	填写设计要求和量测数值
沉排保护层厚度	量测	每 40~80m² 检测 1 点	填写设置要求和量测数值
沉排铺放高程	量测		

3. 工序施工质量验收评定应提交下列资料。

(1) 施工单位各班(组)的初检记录、施工队复检记录、施工单位专职质检员终检记录,工序中各施工质量检验项目的检验资料。

(2) 监理单位对工序中施工质量检验项目的平行检测资料。

4. 工序质量要求。

(1) 合格等级标准。

1) 主控项目,检验结果应全部符合标准 SL 634 的要求。

2) 一般项目,逐项应有 70% 及以上的检验点合格,且不合格点不应集中。

3) 各项报验资料应符合标准 SL 634 的要求。

(2) 优良等级标准。

1) 主控项目,检验结果应全部符合标准 SL 634 的要求。

2) 一般项目,逐项应有 90% 及以上的检验点合格,且不合格点不应集中。

3) 各项报验资料应符合标准 SL 634 的要求。

表 10　冰上土工织物沉排护脚单元工程施工质量验收评定表（样表）

单位工程名称		单元工程量	
分部工程名称		施工单位	
单元工程名称、部位		施工日期	

项次	工序名称（或编号）	工序质量验收评定等级
1	沉排锚定	
2	△沉排铺设	

施工单位 自评意见	各工序施工质量全部合格，其中优良工序占_____%，主要工序达到_____等级。 各项报验资料_____SL 634标准要求。 　单元工程质量等级评定为：_____ 　　　　　　　　　　　　　　　　　　质检人员：　　（签字，加盖公章） 　　　　　　　　　　　　　　　　　　　　　　　　　　　　年　月　日
监理机构 复核评定 意见	经抽检并查验相关检验报告和检验资料，各工序施工质量全部合格，其中优良工序占_____%，主要工序达到_____等级。各项报验资料_____SL 634标准要求。 　单元工程质量等级评定为：_____ 　　　　　　　　　　　　　　　　　　监理工程师：　　（签字，加盖公章） 　　　　　　　　　　　　　　　　　　　　　　　　　　　　年　月　日

注：本表所填"单元工程量"不作为施工单位工程量结算计量的依据

×××险工护岸　工程

表 10　　冰上土工织物沉排护脚单元工程施工质量验收评定表（实例）

单位工程名称	×××险工护岸工程	单元工程量	**750m²**
分部工程名称	**软体沉排护脚** **（1＋200～1＋500）**	施工单位	**中国水利水电第××工程局**
单元工程名称、部位	**软体沉排护脚** **（1＋200～1＋050）**	施工日期	**2002 年 12 月 10—20 日**

项次	工序名称（或编号）	工序质量验收评定等级
1	沉排锚定	**合格**
2	△沉排铺设	**合格**

施工单位 自评意见	各工序施工质量全部合格，其中优良工序占 ___—___ ％，主要工序达到 __合格__ 等级。 各项报验资料 __符合__ SL 634 标准要求。 　　单元工程质量等级评定为： __合格__ 　　　　　　　　　　　　　质检人员：×××（签字，加盖公章） 　　　　　　　　　　　　　**2002 年 12 月 22 日**
监理机构 复核评定 意见	经抽检并查验相关检验报告和检验资料，各工序施工质量全部合格，其中优良工序占 __—__ ％，主要工序达到 __合格__ 等级。各项报验资料 __符合__ SL 634 标准要求。 　　单元工程质量等级评定为： __合格__ 　　　　　　　　　　　　　监理工程师：×××（签字，加盖公章） 　　　　　　　　　　　　　**2002 年 12 月 23 日**
注：本表所填"单元工程量"不作为施工单位工程量结算计量的依据	

表 10　冰上土工织物沉排护脚单元工程施工质量验收评定表

填 表 说 明

填表时必须遵守"填表基本要求"，并应符合下列要求。

1. 单元工程划分：沉排护脚工程宜按平顺护岸的施工段长 60～80m 或以每个丁坝、垛的护脚工程为一个单元工程。单元工程量填写本单元工程量（m、m² 或 m³）。

2. 沉排护脚单元工程宜分为沉排锚定和沉排铺设两个工序，其中沉排铺设工序为主要工序。本表是在表 10.1 及表 10.2（按沉排设计类型进行选择）工序施工质量验收评定合格的基础上进行。

3. 本单元工程施工质量验收评定应包括下列资料。

（1）施工单位应提交单元工程中所含工序（或检验项目）验收评定的检验资料，原材料与各项实体检验项目的检验记录资料。

（2）监理单位应提交对单元工程施工质量的平行检测资料。

4. 单元工程质量要求。

（1）合格等级标准：各工序施工质量验收评定应全部合格；各项报验资料应符合标准 SL 634 的要求。

（2）优良等级标准：各工序施工质量验收评定应全部合格，其中优良工序应达到 50％及以上，且主要工序应达到优良等级；各项报验资料应符合标准 SL 634 的要求。

工程

表 10.1 冰上土工织物沉排锚定工序施工质量验收评定表（样表）

单位工程名称				工序编号		
分部工程名称				施工单位		
单元工程名称、编号				施工日期		
项次		检验项目	质量要求	检查（检测）记录	合格数	合格率/%
主控项目	1	系 排 梁、锚 桩 等 锚 定系统的制作	应符合设计要求			
一般项目	1	锚定系统平面位置及高程	允许偏差为±10cm			
	2	系 排 梁 或锚桩尺寸	允许偏差为±3cm			
施工单位自评意见	主控项目检验结果全部符合合格质量标准，一般项目逐项检验点的合格率均大于或等于_____%，且不合格点不集中分布。各项报验资料_____SL 634 标准要求。 工序质量等级评定为：_____ <div align="right">质检人员：　（签字，加盖公章） 年　月　日</div>					
监理机构复核评定意见	经复核，主控项目检验结果全部符合合格质量标准，一般项目逐项检验点的合格率均大于或等于_____%，且不合格点不集中分布。各项报验资料_____SL 634 标准要求。 工序质量等级评定为：_____ <div align="right">监理工程师：　（签字，加盖公章） 年　月　日</div>					

表 10.1 冰上土工织物沉排锚定工序施工质量验收评定表（实例）

单位工程名称	×××险工护岸工程	工序编号	一
分部工程名称	软体沉排护脚 （1+200～1+500）	施工单位	中国水利水电第××工程局
单元工程名称、编号	软体沉排护脚 （1+200～1+050）	施工日期	2002年12月10—14日

项次		检验项目	质量要求	检查（检测）记录	合格数	合格率/%
主控项目	1	系排梁、锚桩等锚定系统的制作	应符合设计要求（设计要求石笼沉排直接锚定在护坡固脚的钢筋石笼上，锚定间距30cm，锚定材料8号铅丝）	固脚钢筋石笼作为锚固系统，宽度为80cm，高度150cm，使用φ22mm螺纹钢锚定，锚入土深度为1.5m。随机抽查10点符合设计要求（见检测记录表）	10	100
一般项目	1	锚定系统平面位置及高程	允许偏差为±10cm（设计高程132.40m）	锚定系统所处位置为5年一遇枯水位高程。132.30m、132.35m、132.50m、132.60m、132.38m、132.40m、132.45m、132.55m、132.33m、132.35m	8	80
	2	系排梁或锚桩尺寸	允许偏差为±3cm	—	—	—

施工单位自评意见	主控项目检验结果全部符合合格质量标准，一般项目逐项检验点的合格率均大于或等于 __70__ %，且不合格点不集中分布。各项报验资料 __符合__ SL 634标准要求。 工序质量等级评定为：__合格__ 质检人员：×××（签字，加盖公章） 2002年12月15日
监理机构复核评定意见	经复核，主控项目检验结果全部符合合格质量标准，一般项目逐项检验点的合格率均大于或等于 __70__ %，且不合格点不集中分布。各项报验资料 __符合__ SL 634标准要求。 工序质量等级核定为：__合格__ 监理工程师：×××（签字，加盖公章） 2002年12月16日

表 10.1 冰上土工织物沉排锚定工序施工质量验收评定表

填 表 说 明

填表时必须遵守"填表基本要求",并应符合下列要求。

1. 单位工程、分部工程、单元工程名称及部位填写要与表 10 相同。

2. 检验（检测）项目的检验（检测）方法及数量按下表执行。

检验项目	检验方法	检验数量	填写说明
系排梁、锚桩等锚定系统的制作	参照标准 SL 632		简要描述制作程序和过程
锚定系统平面位置及高程	量测	全数检查	直接填写量测结果
系排梁或锚桩尺寸	量测	每 5m 长系排梁或每 5 根锚桩检测 1 处（点）	直接填写量测结果

3. 工序施工质量验收评定应提交下列资料。

（1）施工单位各班（组）的初检记录、施工队复检记录、施工单位专职质检员终检记录，工序中各施工质量检验项目的检验资料。

（2）监理单位对工序中施工质量检验项目的平行检测资料。

4. 工序质量要求。

（1）合格等级标准。

1）主控项目，检验结果应全部符合标准 SL 634 的要求。

2）一般项目，逐项应有 70% 及以上的检验点合格，且不合格点不应集中。

3）各项报验资料应符合标准 SL 634 的要求。

（2）优良等级标准。

1）主控项目，检验结果应全部符合标准 SL 634 的要求。

2）一般项目，逐项应有 90% 及以上的检验点合格，且不合格点不应集中。

3）各项报验资料应符合标准 SL 634 的要求。

_____工程

表 10.2   冰上土工织物软体沉排铺设工序施工质量验收评定表（样表）

单位工程名称				工序编号		
分部工程名称				施工单位		
单元工程名称、编号				施工日期		

项次		检验项目	质量要求	检查（检测）记录	合格数	合格率/%
主控项目	1	沉排搭接宽度	不小于设计值			
	2	软体排厚度	允许偏差为±5%			
一般项目	1	冰上沉排铺放高程	允许偏差为±0.2m			
	2	冰上沉排保护层厚度	不小于设计值			
施工单位自评意见	主控项目检验结果全部符合合格质量标准，一般项目逐项检验点的合格率均大于或等于_____%，且不合格点不集中分布。各项报验资料_____SL 634标准要求。 工序质量等级评定为：_____ <div align="right">质检人员：　（签字，加盖公章） 年　月　日</div>					
监理机构复核评定意见	经复核，主控项目检验结果全部符合合格质量标准，一般项目逐项检验点的合格率均大于或等于_____%，且不合格点不集中分布。各项报验资料_____SL 634标准要求。 工序质量等级评定为：_____ <div align="right">监理工程师：　（签字，加盖公章） 年　月　日</div>					

表 10.2   冰上土工织物软体沉排铺设工序施工质量验收评定表（实例）

单位工程名称	×××险工护岸工程	工序编号	一
分部工程名称	软体沉排护脚 （1＋200～1＋500）	施工单位	中国水利水电第××工程局
单元工程名称、编号	软体沉排护脚 （1＋200～1＋050）	施工日期	2002 年 12 月 10—20 日

项次		检验项目	质量要求	检查（检测）记录	合格数	合格率/％
主控项目	1	沉排搭接宽度	不小于设计值（设计值 0.5m）	单排宽度为 10m，两排搭接宽度为 0.5m，机器缝制。随机抽取 10 个点：0.51m、0.52m、0.50m、0.55m、0.51m、0.53m、0.54m、0.52m、0.50m、0.52m	10	100
	2	软体排厚度	允许偏差为±5% 设计值：30cm	设计为 4m×5m 网格铅丝石笼（30cm×30cm）制作成，网格中间铺设 30cm 厚砂土袋压载，随机抽取 20 处为 28～32cm（见记录表）	20	100
一般项目	1	冰上沉排铺放高程	允许偏差为±0.2m	一	一	一
	2	冰上沉排保护层厚度	不小于设计值（10cm）	抽取 10 点，数值为：10.5cm、11.0cm、12cm、10.4cm、11.5cm、9.5cm、9.4cm、10.2cm、9.8cm、10.5cm	7	70

施工单位自评意见	主控项目检验结果全部符合合格质量标准，一般项目逐项检验点的合格率均大于或等于＿70＿％，且不合格点不集中分布。各项报验资料＿符合＿SL 634 标准要求。 工序质量等级评定为：＿合格＿ 质检人员：×××（签字，加盖公章） 2002 年 12 月 21 日
监理机构复核评定意见	经复核，主控项目检验结果全部符合合格质量标准，一般项目逐项检验点的合格率均大于或等于＿70＿％，且不合格点不集中分布。各项报验资料＿符合＿SL 634 标准要求。 工序质量等级评定为：＿合格＿ 监理工程师：×××（签字，加盖公章） 2002 年 12 月 22 日

表 10.2　冰上土工织物软体沉排铺设工序施工质量验收评定表

填　表　说　明

填表时必须遵守"填表基本要求"，并应符合下列要求。

1. 单位工程、分部工程、单元工程名称及部位填写要与表 10 相同。

2. 检验（检测）项目的检验（检测）方法及数量按下表执行。

检验项目	检验方法	检验数量	填写说明
沉排搭接宽度	量测	每条搭接缝或每 30m 搭接缝长检查 1 点	具体填写出设计值，按照设计标准进行抽检量测，写出量测结果
软体排厚度	量测	每 10～20m² 检测 1 点	
冰上沉排铺放高程	量测	每 40～80m² 检测 1 点	
冰上沉排保护层厚度	量测		

3. 工序施工质量验收评定应提交下列资料。

（1）施工单位各班（组）的初检记录、施工队复检记录、施工单位专职质检员终检记录，工序中各施工质量检验项目的检验资料。

（2）监理单位对工序中施工质量检验项目的平行检测资料。

4. 工序质量要求。

（1）合格等级标准。

1）主控项目，检验结果应全部符合标准 SL 634 的要求。

2）一般项目，逐项应有 70％及以上的检验点合格，且不合格点不应集中。

3）各项报验资料应符合标准 SL 634 的要求。

（2）优良等级标准。

1）主控项目，检验结果应全部符合标准 SL 634 的要求。

2）一般项目，逐项应有 90％及以上的检验点合格，且不合格点不应集中。

3）各项报验资料应符合标准 SL 634 的要求。

表 11   护坡砂（石）垫层单元工程施工质量验收评定表（样表）

单位工程名称				单元工程量		
分部工程名称				施工单位		
单元工程名称、部位				施工日期		

项次		检验项目	质量要求	检查（检测）记录	合格数	合格率/%
主控项目	1	砂、石级配	应符合设计要求			
	2	砂、石垫层厚度设计值：cm	允许偏差为±15％；设计厚度：15cm			
一般项目	1	垫层基面表面平整度	应符合设计要求			
	2	垫层基面坡度	应符合设计要求			

施工单位自评意见	主控项目检验结果全部符合合格质量标准，一般项目逐项检验点的合格率均大于或等于_____％，且不合格点不集中分布。各项报验资料_____SL 634 标准要求。 单元工程质量等级评定为：_____ 　　　　　　　　　　　　　　　　　质检人员：　　　（签字，加盖公章） 　　　　　　　　　　　　　　　　　　　　　　　　　年　月　日
监理机构复核评定意见	经抽检并查验相关检验报告和检验资料，主控项目检验结果全部符合合格质量标准，一般项目逐项检验点的合格率均大于或等于_____％，且不合格点不集中分布。各项报验资料_____SL 634 标准要求。 单元工程质量等级核定为：_____ 　　　　　　　　　　　　　　　　　监理工程师：　　　（签字，加盖公章） 　　　　　　　　　　　　　　　　　　　　　　　　　年　月　日
注：本表所填"单元工程量"不作为施工单位工程量结算计量的依据	

×××堤防　工程

表 11　　护坡砂（石）垫层单元工程施工质量验收评定表（实例）

单位工程名称		×××堤防工程	单元工程量		240m³
分部工程名称		堤身防护工程	施工单位		中国水利水电第××工程局
单元工程名称、部位		垫层铺设 （2＋100～2＋200） Ⅰ－3－13	施工日期		2012 年 5 月 10—14 日

项次		检验项目	质量要求	检查（检测）记录	合格数	合格率/%
主控项目	1	砂、石级配	应符合设计要求（设计为 2 级配）	土工试验报告结果满足设计要求（见试验报告）	1	100
	2	砂、石垫层厚度设计值：cm	允许偏差为±15%；设计厚度：15cm	检测结果：15cm、13cm、14cm、16cm、15cm、14cm、16cm、17cm、15cm、16cm	10	100
一般项目	1	垫层基面表面平整度	应符合设计要求（±3cm）	检测结果：－3cm、－4cm、2cm、－1cm、2cm、4cm、5cm、3cm、－3cm、－3cm	7	70
	2	垫层基面坡度	应符合设计要求（设计坡度为 1∶2.5 见技施图）	检测结果：1∶2.6、1∶2.5、1∶2.5、1∶2.5、1∶2.4、1∶2.5、1∶2.3	6	75

施工单位 自评意见	主控项目检验结果全部符合合格质量标准，一般项目逐项检验点的合格率均大于或等于 __70__ %，且不合格点不集中分布。各项报验资料 __符合__ SL 634 标准要求。 单元工程质量等级评定为： __合格__ 　　　　　　　　　　　　　　　　　　质检人员：×××（签字，加盖公章） 　　　　　　　　　　　　　　　　　　2012 年 5 月 16 日
监理机构 复核评定 意见	经抽检并查验相关检验报告和检验资料，主控项目检验结果全部符合合格质量标准，一般项目逐项检验点的合格率均大于或等于 __70__ %，且不合格点不集中分布。各项报验资料 __符合__ SL 634 标准要求。 单元工程质量等级核定为： __合格__ 　　　　　　　　　　　　　　　　　　监理工程师：×××（签字，加盖公章） 　　　　　　　　　　　　　　　　　　2012 年 5 月 17 日
注：本表所填"单元工程量"不作为施工单位工程量结算计量的依据	

表 11　护坡砂（石）垫层单元工程施工质量验收评定表
填　表　说　明

填表时必须遵守"填表基本要求"，并应符合下列要求。

1. 单元工程划分：应与护坡单元划分相对应，平顺护岸工程宜按施工段长 60～100m 划分为一个单元工程，现浇混凝土宜按施工段长 30～50m 划分为一个单元工程；丁坝、垛的护坡工程宜按每个坝、垛划分为一个单元工程。

2. 单元工程量：填写本单元工程量（m^3）。

3. 检验（检测）项目的检验（检测）方法及数量按下表执行。

检验项目	检验方法	检验数量	填写要求
砂、石级配	土工试验	每单元工程取样 1 个	根据检测的试验报告据实填写
砂、石垫层厚度	量测	每 20m² 检测 1 点	填写检测结果数据
垫层基面表面平整度	量测	每 20m² 检测 1 处	
垫层基面坡度	坡度尺量测		

4. 本单元工程施工质量验收评定应包括下列资料。

（1）施工单位应提交单元工程施工单位各班（组）的初检记录、施工队复检记录、施工单位专职质检员终检记录，验收评定的检验资料，原材料与各项实体检验项目的检验记录资料。

（2）监理单位应提交对单元工程施工质量的平行检测资料。

5. 单元工程质量要求。

（1）合格等级标准。

1）主控项目，检验结果应全部符合标准 SL 634 的要求。

2）一般项目，逐项应有 70％及以上的检验点合格，且不合格点不应集中。

3）各项报验资料应符合标准 SL 634 的要求。

（2）优良等级标准。

1）主控项目，检验结果应全部符合标准 SL 634 的要求。

2）一般项目，逐项应有 90％及以上的检验点合格，且不合格点不应集中。

3）各项报验资料应符合标准 SL 634 的要求。

表 12　　　　**土工织物铺设单元工程施工质量验收评定表（样表）**

单位工程名称			单元工程量		
分部工程名称			施工单位		
单元工程名称、部位			施工日期		

项次		检验项目	质量要求	检查（检测）记录	合格数	合格率/%
主控项目	1	土工织物锚固	应符合设计要求			
一般项目	1	垫层基面表面平整度				
	2	垫层基面坡度				
	3	土工织物垫层连接方式和搭接长度				

施工单位自评意见	主控项目检验结果全部符合合格质量标准，一般项目逐项检验点的合格率均大于或等于＿＿＿＿＿＿＿％，且不合格点不集中分布。各项报验资料＿＿＿＿＿＿SL 634标准要求。 　　单元工程质量等级评定为：＿＿＿＿＿＿ 　　　　　　　　　　　　　　质检人员：　　　（签字，加盖公章） 　　　　　　　　　　　　　　　　　　　　　　　　年　月　日
监理机构复核评定意见	经抽检并查验相关检验报告和检验资料，主控项目检验结果全部符合合格质量标准，一般项目逐项检验点的合格率均大于或等于＿＿＿＿＿＿＿％，且不合格点不集中分布。各项报验资料＿＿＿＿＿＿SL 634标准要求。 　　单元工程质量等级评定为：＿＿＿＿＿＿ 　　　　　　　　　　　　　　监理工程师：　　　（签字，加盖公章） 　　　　　　　　　　　　　　　　　　　　　　　　年　月　日

注：本表所填"单元工程量"不作为施工单位工程量结算计量的依据

×××堤防 工程

表 12　　　　　　土工织物铺设单元工程施工质量验收评定表（实例）

单位工程名称	×××堤防工程	单元工程量	900m²
分部工程名称	堤身防护工程	施工单位	×××省水利水电工程局
单元工程名称、部位	土工织物铺设 （3+000～3+050） Ⅰ—3—1	施工日期	2013 年 5 月 13—19 日

项次		检验项目	质量要求	检查（检测）记录	合格数	合格率/%
主控项目	1	土工织物锚固	上部压在封顶，下部固定于固脚（见技施图）	锚固型式以及坡面防滑钉的设置符合设计要求	—	100
一般项目	1	垫层基面表面平整度	偏差值±5cm	地面无硬物，无明显凹坑，基面平整（见抽检表和图片）	8	80
	2	垫层基面坡度	设计坡度不陡于1：2.5	抽检 4 处，1：2.5、1：2.3、1：2.5、1：2.6	3	75
	3	土工织物垫层连接方式和搭接长度	采用平接，缝制；搭接宽度不小于 0.5m	0.5m、0.45m、0.6m、0.55m、0.45m、0.43m、0.52m、0.5m、0.53m、0.551m	7	70

施工单位自评意见	主控项目检验结果全部符合合格质量标准，一般项目逐项检验点的合格率均大于或等于　70　%，且不合格点不集中分布。各项报验资料　符合　SL 634 标准要求。 单元工程质量等级评定为：　合格 　　　　　　　　　　　　　　　　质检人员：×××（签字，加盖公章） 　　　　　　　　　　　　　　　　2013 年 5 月 23 日
监理机构复核评定意见	经抽检并查验相关检验报告和检验资料，主控项目检验结果全部符合合格质量标准，一般项目逐项检验点的合格率均大于或等于　70　%，且不合格点不集中分布。各项报验资料　符合　SL 634 标准要求。 单元工程质量等级核定为：　合格 　　　　　　　　　　　　　　　　监理工程师：×××（签字，加盖公章） 　　　　　　　　　　　　　　　　2013 年 5 月 26 日

　注：本表所填"单元工程量"不作为施工单位工程量结算计量的依据

表12 土工织物铺设单元工程施工质量验收评定表
填 表 说 明

填表时必须遵守"填表基本要求",并应符合下列要求。

1. 单元工程划分:应与护坡单元划分相对应,平顺护岸工程宜按施工段长 60～100m 划分为一个单元工程,现浇混凝土宜按施工段长 30～50m 划分为一个单元工程;丁坝、垛的护坡工程宜按每个坝、垛划分为一个单元工程。

2. 单元工程量:填写本单元工程量(m^2)。

3. 检验(检测)项目的检验(检测)方法及数量按下表执行。

检验项目	检验方法	检验数量	填写要求
土工织物锚固	检查	全面检查	填写具体设计要求,并按照设计要求进行检查和检测,尽量填写数据
垫层基面表面平整度	量测	每 $20m^2$ 检测 1 点	
垫层基面坡度	坡度尺量测		
土工织物垫层连接方式和搭接长度	观察、量测	全数检查	

4. 本单元工程施工质量验收评定应包括下列资料。

(1)施工单位应提交单元工程施工单位各班(组)的初检记录、施工队复检记录、施工单位专职质检员终检记录,验收评定的检验资料,原材料与各项实体检验项目的检验记录资料。

(2)监理单位应提交对单元工程施工质量的平行检测资料。

5. 单元工程质量要求。

(1)合格等级标准。

1)主控项目,检验结果应全部符合标准 SL 634 的要求。

2)一般项目,逐项应有 70％及以上的检验点合格,且不合格点不应集中。

3)各项报验资料应符合标准 SL 634 的要求。

(2)优良等级标准。

1)主控项目,检验结果应全部符合标准 SL 634 的要求。

2)一般项目,逐项应有 90％及以上的检验点合格,且不合格点不应集中。

3)各项报验资料应符合标准 SL 634 的要求。

表13　　　　毛石粗排护坡单元工程施工质量验收评定表（样表）

单位工程名称				单元工程量		
分部工程名称				施工单位		
单元工程名称、部位				施工日期		
项次		检验项目	质量要求	检查（检测）记录	合格数	合格率/%
主控项目	1	护坡厚度	厚度小于50cm，允许偏差为±5cm；厚度大于50cm，允许偏差为±10%			
一般项目	1	坡面平整度	坡度平顺，允许偏差为±10cm			
	2	石料块重	应符合设计要求			
	3	粗排质量	石块稳固、无松动			
施工单位自评意见	主控项目检验结果全部符合合格质量标准，一般项目逐项检验点的合格率均大于或等于_____％，且不合格点不集中分布。各项报验资料_____SL 634标准要求。 单元工程质量等级评定为：_____ 　　　　　　　　　　　　　　　　质检人员：　　　　（签字，加盖公章） 　　　　　　　　　　　　　　　　　　　　　　　年　月　日					
监理机构复核评定意见	经抽检并查验相关检验报告和检验资料，主控项目检验结果全部符合合格质量标准，一般项目逐项检验点的合格率均大于或等于_____％，且不合格点不集中分布。各项报验资料_____SL 634标准要求。 单元工程质量等级评定为：_____ 　　　　　　　　　　　　　　　　监理工程师：　　　　（签字，加盖公章） 　　　　　　　　　　　　　　　　　　　　　　　年　月　日					
注：本表所填"单元工程量"不作为施工单位工程量结算计量的依据						

×××护岸 工程

表 13 毛石粗排护坡单元工程施工质量验收评定表（实例）

单位工程名称	×××护岸工程	单元工程量	320m³		
分部工程名称	毛石粗排护岸 （0＋000～2＋100）	施工单位	×××省水利水电工程处		
单元工程名称、部位	毛石粗排护岸 （1＋300～1＋380）	施工日期	2011 年 10 月 18—26 日		

项次		检验项目	质量要求	检查（检测）记录	合格数	合格率/％
主控项目	1	护坡厚度	设计厚 60cm，允许偏差为±10％	检测值：65cm、63cm、58cm、56cm、59cm、65cm、61cm、64cm、57cm、58cm	10	100
一般项目	1	坡面平整度	坡度平顺，允许偏差为±10cm	坡度平顺，检测值：7cm、－8cm、6cm、－11cm、9cm、－5cm、8cm、－7cm、6cm、11cm	8	80
一般项目	2	石料块重	（设计块重≥25kg）	检测值：30kg、35kg、20kg、22kg、38kg、45kg、40kg、32kg、24kg、30kg	7	70
一般项目	3	粗排质量	石块稳固、无松动	沿护坡长度方向 10m 划分一个网格，共 10 个网格全数检查，石块稳固、无松动（详见备查表）	—	100
施工单位自评意见		主控项目检验结果全部符合合格质量标准，一般项目逐项检验点的合格率均大于或等于 70 ％，且不合格点不集中分布。各项报验资料 符合 SL 634 标准要求。 单元工程质量等级评定为： 合格 质检人员：×××（签字，加盖公章） 2011 年 11 月 3 日				
监理机构复核评定意见		经抽检并查验相关检验报告和检验资料，主控项目检验结果全部符合合格质量标准，一般项目逐项检验点的合格率均大于或等于 70 ％，且不合格点不集中分布。各项报验资料 符合 SL 634 标准要求。 单元工程质量等级评定为： 合格 监理工程师：×××（签字，加盖公章） 2011 年 11 月 8 日				
注：本表所填"单元工程量"不作为施工单位工程量结算计量的依据						

表 13 毛石粗排护坡单元工程施工质量验收评定表

填 表 说 明

填表时必须遵守"填表基本要求",并应符合下列要求。

1. 单元工程划分:平顺护岸的护坡工程宜按施工段长 60～100m 划分为一个单元工程,丁坝、垛的护坡工程宜按每个坝、垛划分为一个单元工程。

2. 单元工程量:填写本单元工程量(m^3)。

3. 填写说明。

(1) 检验方法:应按照 SL 634 的要求,进行单元工程施工质量检验。

(2) 检验数量:应按照 SL 634 的要求进行检验。

(3) 填写说明,不仅反映了填写实例的说明,还反映了一般此表的填写要求及注意事项。

检验项目	检验方法	检验数量	填 写 说 明
护坡厚度	量测(直尺或卷尺)	每 50～100m² 检测 1 处	1. 填写设计要求指标; 2. 按检测要求进行取点实测,填写实测值。如实测值多时,可填写统计数,并标注备查资料×××
坡面平整度	2m 靠尺量测、配合卷尺	每 50～100m² 检测 1 处	按检测要求进行取点实测,填写实测值。如实测值多时,可填写统计数,并标注备查资料×××
石料块重	量测(称量仪器)	沿护坡长度方向每 20m 检查 1m²	1. 填写设计要求指标; 2. 按检测要求进行取点实测,填写实测值。如实测值多时,可填写统计数,并标注备查资料×××
粗排质量	观察	全数检查	进行现场全面检查,做好检查记录。可划分网格进行质量检查,全部符合要求者为全部合格

4. 单元工程质量评定标准。

(1) 合格等级标准。

1) 主控项目,检验结果应全部符合标准 SL 634 的要求。

2) 一般项目,逐项应有 70% 及以上的检验点合格,且不合格点不应集中。

3) 各项报验资料应符合标准 SL 634 的要求。

(2) 优良等级标准。

1) 主控项目,检验结果应全部符合标准 SL 634 的要求。

2) 一般项目,逐项应有 90% 及以上的检验点合格,且不合格点不应集中。

3) 各项报验资料应符合标准 SL 634 的要求。

5. 本单元工程施工质量验收评定应包括下列资料。

(1) 毛石粗排护坡单元工程施工质量验收评定表。

(2) 毛石粗排护坡单元工程施工记录。

（3）毛石粗排护坡单元工程施工自检表、各检验项目的现场检查（检测）原始记录。

（4）原材料等检验试验成果。如设计有要求的石料强度等级、软化系数等的检验试验资料。

（5）监理单位对单元工程施工质量的平行检测资料。如单元（工序）工程监理平行检测记录等。

表 14　　　　**石笼护坡单元工程施工质量验收评定表（样表）**

单位工程名称				单元工程量		
分部工程名称				施工单位		
单元工程名称、部位				施工日期		

项次		检验项目	质量要求	检查（检测）记录	合格数	合格率/%
主控项目	1	护坡厚度	允许偏差为±5cm			
	2	绑扎点间距	允许偏差为±5cm			
一般项目	1	坡面平整度	允许偏差为±8cm			
	2	有间隔网的网片间距	允许偏差为±10cm			

施工单位自评意见	主控项目检验结果全部符合合格质量标准，一般项目逐项检验点的合格率均大于或等于_____%，且不合格点不集中分布。各项报验资料_____SL 634 标准要求。 　单元工程质量等级评定为：_____ 　　　　　　　　　　　　　　　质检人员：　　（签字，加盖公章） 　　　　　　　　　　　　　　　　　　　　　年　月　日
监理机构复核评定意见	经抽检并查验相关检验报告和检验资料，主控项目检验结果全部符合合格质量标准，一般项目逐项检验点的合格率均大于或等于_____%，且不合格点不集中分布。各项报验资料_____SL 634 标准要求。 　单元工程质量等级核定为：_____ 　　　　　　　　　　　　　　　监理工程师：　　（签字，加盖公章） 　　　　　　　　　　　　　　　　　　　　　年　月　日

注：本表所填"单元工程量"不作为施工单位工程量结算计量的依据

表 14 **石笼护坡单元工程施工质量验收评定表（实例）**

单位工程名称	×××护岸工程	单元工程量	240m³
分部工程名称	钢丝石笼护坡	施工单位	×××省水利水电工程处
单元工程名称、部位	钢丝石笼护坡 （1＋000～1＋100）	施工日期	2012 年 11 月 5—17 日

项次		检验项目	质量要求	检查（检测）记录	合格数	合格率/%
主控项目	1	护坡厚度	设计厚度 30cm，允许偏差为±5cm	检测值：28cm、25cm、27cm、33cm、32cm、31cm、33cm、30cm、30cm、25cm	10	100
	2	绑扎点间距	间距 20cm，允许偏差为±5cm	每 60m² 检查 1 处，共检查 17 处（详见备查表）	17	100
一般项目	1	坡面平整度	允许偏差为±8cm	5cm、8cm、6cm、7.5cm、9cm、－5cm、4cm、－3cm、6cm、－8.5cm	8	80.0
	2	有间隔网的网片间距	设计网片间距 100cm；允许偏差为±10cm	每幅检查 2 处，沿坡度幅与幅间检查 2 处，共检查 18 处（详见备查表）	18	100

施工单位自评意见	主控项目检验结果全部符合合格质量标准，一般项目逐项检验点的合格率均大于或等于 70 %，且不合格点不集中分布。各项报验资料 符合 SL 634 标准要求。 单元工程质量等级评定为：合格 质检人员：×××（签字，加盖公章） 2012 年 11 月 21 日
监理机构复核评定意见	经抽检并查验相关检验报告和检验资料，主控项目检验结果全部符合合格质量标准，一般项目逐项检验点的合格率均大于或等于 70 %，且不合格点不集中分布。各项报验资料 符合 SL 634 标准要求。 单元工程质量等级核定为：合格 监理工程师：×××（签字，加盖公章） 2012 年 11 月 25 日

注：本表所填"单元工程量"不作为施工单位工程量结算计量的依据

表 14　石笼护坡单元工程施工质量验收评定表
填 表 说 明

填表时必须遵守"填表基本要求"，并应符合下列要求。

1. 单元工程划分：平顺护岸的护坡工程宜按施工段长 60～100m 划分为一个单元工程，丁坝、垛的护坡工程宜按每个坝、垛划分为一个单元工程。

2. 单元工程量：填写本单元工程量（m^3）。

3. 填写说明。

（1）检验方法：应按照 SL 634 的要求，进行单元工程施工质量检验。

（2）检验数量：应按照 SL 634 的要求进行检验。

（3）填写说明，不仅反映了填写实例的说明，还反映了一般此表的填写要求及注意事项。

检验项目	检验方法	检验数量	填　写　说　明
护坡厚度	量测（直尺或卷尺）	每 50～100m² 检测 1 处	1. 填写设计指标； 2. 按检测要求进行取点实测，填写实测值。如实测值多时，可填写统计数，并标注备查资料×××
绑扎点间距	量测（卷尺）	每 30～60m² 检测 1 处	按规范及批准的检测计划进行实测，每检查处的检测点数在备查资料中体现，该处的检测点数全部合格，即为合格
坡面平整度	2m 靠尺量测、配合卷尺	每 50～100m² 检测 1 处	按规范及批准的检测计划进行实测，填写实测值。如实测值多时，可填写统计数，并标注备查资料×××
有间隔网的网片间距	量测（卷尺）	每幅网材检查 2 处	有间隔网的网片间距，设计有要求时填写设计要求（设计无要求时按有关规定填写），并填写总检查多少处。每检查处的检测点数在备查资料中体现，该处的检测点数全部合格，即为合格

4. 单元工程质量标准。

（1）合格等级标准。

1）主控项目，检验结果应全部符合标准 SL 634 的要求。

2）一般项目，逐项应有 70% 及以上的检验点合格，且不合格点不应集中。

3）各项报验资料应符合标准 SL 634 的要求。

（2）优良等级标准。

1）主控项目，检验结果应全部符合标准 SL 634 的要求。

2）一般项目，逐项应有 90% 及以上的检验点合格，且不合格点不应集中。

3）各项报验资料应符合标准 SL 634 的要求。

5. 本单元工程施工质量验收评定应包括下列资料。

（1）石笼护坡单元工程施工质量验收评定表。

（2）石笼护坡单元工程施工记录。

（3）石笼护坡单元工程施工自检表、各检验项目的现场检查（检测）原始记录。

（4）原材料等检验试验成果。如设计要求的石料强度等级、软化系数等的检验试验资料。

（5）监理单位对单元工程施工质量的平行检测资料。如单元（工序）工程监理平行检测记录等。

表 15　　　　　**干砌石护坡单元工程施工质量验收评定表（样表）**

单位工程名称				单元工程量			
分部工程名称				施工单位			
单元工程名称、部位				施工日期			
项次		检验项目	质量要求		检查（检测）记录		合格数	合格率/%
主控项目	1	护坡厚度	厚度小于 50cm，允许偏差为 ±5cm；厚度大于 50cm，允许偏差为 ±10%					
	2	坡面平整度	允许偏差为 ±8cm					
	3	石料块重	面石用料应符合设计要求，除腹石和嵌缝石外	Ⅰ级堤防	合格率 ≥90%			
				Ⅱ级堤防	合格率 ≥85%			
				Ⅲ级堤防	合格率 ≥80%			
一般项目	1	砌石坡度	不陡于设计坡度					
	2	砌筑质量	石块稳固、无松动、无宽度在 1.5cm 以上、长度在 50cm 以上的连续缝					
施工单位自评意见	主控项目检验结果全部符合合格质量标准，一般项目逐项检验点的合格率均大于或等于____%，且不合格点不集中分布。各项报验资料_____SL 634 标准要求。 单元工程质量等级评定为：_____ 　　　　　　　　　　　　　　　　　　质检人员：　　（签字，加盖公章） 　　　　　　　　　　　　　　　　　　　　　　　　　　年　月　日						
监理机构复核评定意见	经抽检并查验相关检验报告和检验资料，主控项目检验结果全部符合合格质量标准，一般项目逐项检验点的合格率均大于或等于_____%，且不合格点不集中分布。各项报验资料_____SL 634 标准要求。 单元工程质量等级评定为：_____ 　　　　　　　　　　　　　　　　　　监理工程师：　　（签字，加盖公章） 　　　　　　　　　　　　　　　　　　　　　　　　　　年　月　日						
注：本表所填"单元工程量"不作为施工单位工程量结算计量的依据							

<u>×××险工治理</u> 工程

表 15 干砌石护坡单元工程施工质量验收评定表（实例）

单位工程名称	×××险工治理工程	单元工程量	**300m³**
分部工程名称	**干砌石护坡**	施工单位	**×××省水利水电工程局**
单元工程名称、部位	**干砌石护坡 （0＋000～0＋100）**	施工日期	**2008 年 11 月 15—27 日**

项次		检验项目		质量要求		检查（检测）记录	合格数	合格率/%
主控项目	1	护坡厚度		设计厚度 30cm；允许偏差为±5cm		**检测值：28cm、31cm、27cm、33cm、 26cm、 28cm、 30cm、 32cm、25cm、30cm**	**10**	**100**
	2	坡面平整度		允许偏差为±8cm		**7cm、5cm、6cm、5cm、6cm、6cm、4cm、3cm、7cm、4cm**	**10**	**100**
	3	石料块重	Ⅰ级堤防	面石用料应符合设计要求，除腹石和嵌缝石外	合格率≥90%	—	—	—
			Ⅱ级堤防		合格率≥85%	**设计块重≥25kg，检测值：30kg、35kg、40kg、42kg、28kg、37kg、40kg、29kg、41kg、48kg**	**10**	**100**
			Ⅲ级堤防		合格率≥80%	—	—	—
一般项目	1	砌石坡度		不陡于设计坡度1:3		**检测值：1：3.1、1：3、1：3.2、1：2.9、1：3.2**	**4**	**80.0**
	2	砌筑质量		石块稳固、无松动，无宽度在 1.5cm以上、长度在 50cm以上的连续缝		**石块稳固、无松动，无超过质量标准的连续缝，共检查5点，4点合格（详见备查表）**	**4**	**100**

施工单位自评意见	主控项目检验结果全部符合合格质量标准，一般项目逐项检验点的合格率均大于或等于 <u>**70**</u> ％，且不合格点不集中分布。各项报验资料 <u>**符合**</u> SL 634 标准要求。 单元工程质量等级评定为：<u>**合格**</u> 质检人员：×××（签字，加盖公章） 2008 年 11 月 30 日
监理机构复核评定意见	经抽检并查验相关检验报告和检验资料，主控项目检验结果全部符合合格质量标准，一般项目逐项检验点的合格率均大于或等于 <u>**70**</u> ％，且不合格点不集中分布。各项报验资料 <u>**符合**</u> SL 634 标准要求。 单元工程质量等级核定为：<u>**合格**</u> 监理工程师：×××（签字，加盖公章） 2008 年 12 月 5 日

注：本表所填"单元工程量"不作为施工单位工程量结算计量的依据

表 15　干砌石护坡单元工程施工质量验收评定表

填 表 说 明

填表时必须遵守"填表基本要求"，并应符合下列要求。

1. 单元工程划分：平顺护岸的护坡工程宜按施工段长 60～100m 划分为一个单元工程，丁坝、垛的护坡工程宜按每个坝、垛划分为一个单元工程。

2. 单元工程量：填写本单元工程量（m³）。

3. 检验（检测）项目的检验（检测）方法及数量按下表执行。

检验项目		检验方法	检验数量	填写说明
护坡厚度		量测（直尺或卷尺）	每 50～100m² 测 1 次	1. 填写设计指标； 2. 按检测要求进行取点实测，填写实测值。如实测值多时，可填写统计数，并标注备查资料×××
坡面平整度		2m 靠尺量测、配合卷尺	每 50～100m² 检测 1 处	按规范及批准的检测计划进行实测，填写实测值。如实测值多时，可填写统计数，并标注备查资料×××
石料块重	Ⅰ级堤防	量测（称量仪器）	沿护坡长度方向每 20m 检查 1m²	1. 要注意本检验项目应按堤防等级填在相应栏目中； 2. 应填写设计指标； 3. 按检测要求进行取点实测，填写实测值。如实测值多时，可填写统计数，并标注备查资料×××
	Ⅱ级堤防			
	Ⅲ级堤防			
砌石坡度		量测（坡度仪）	沿护坡长度方向每 20m 检测 1 处	1. 填写设计指标； 2. 按检测要求进行取点实测，填写实测值。如实测值多时，可填写统计数，并标注备查资料×××
砌筑质量		检查	沿护坡长度方向每 20m 检查 1 处	按规范及检测计划进行现场检查，做好原始记录。填写时定性描述，定量填写检查总点数，并标注备查资料×××

4. 本单元工程施工质量验收评定应包括下列资料。

（1）干砌石护坡单元工程施工质量验收评定表。

（2）干砌石护坡单元工程施工记录。

（3）干砌石护坡单元工程施工自检表、各检验项目的现场检查（检测）原始记录。

（4）原材料等检验试验资料。如设计要求的石料强度等级、软化系数等的检验试验资料。

（5）监理单位对单元工程施工质量的平行检测资料。如单元（工序）工程监理平行检测记录等。

5. 单元工程质量评定标准。

（1）合格等级标准。

1）主控项目，检验结果应全部符合标准 SL 634 的要求。

2）一般项目，逐项应有 70% 及以上的检验点合格，且不合格点不应集中。

3）各项报验资料应符合标准 SL 634 的要求。

（2）优良等级标准。

1）主控项目，检验结果应全部符合标准 SL 634 的要求。

2）一般项目，逐项应有 90％及以上的检验点合格，且不合格点不应集中。

3）各项报验资料应符合标准 SL 634 的要求。

表 16　　　　浆砌石护坡单元工程施工质量验收评定表（样表）

单位工程名称				单元工程量		
分部工程名称				施工单位		
单元工程名称、部位				施工日期		
项次		检验项目	质量要求	检查（检测）记录	合格数	合格率/％
主控项目	1	护坡厚度	允许偏差为±5cm			
	2	坡面平整度	允许偏差为±5cm			
	3	排水孔反滤	应符合设计要求（采用无纺布裹头）			
	4	坐浆饱满度	大于80％			
一般项目	1	排水孔设置	连续贯通，孔径、孔距允许偏差±5％设计值			
	2	变形缝结构与填充质量	应符合设计要求			
	3	勾缝	应按平缝勾填，无开裂、脱皮现象			
施工单位自评意见	主控项目检验结果全部符合合格质量标准，一般项目逐项检验点的合格率均大于或等于_____％，且不合格点不集中分布。各项报验资料_____ SL 634 标准要求。 工序质量等级评定为：_____ 　　　　　　　　　　　　　　　　质检人员：　　　（签字，加盖公章） 　　　　　　　　　　　　　　　　　　　　　　　　　年　月　日					
监理机构复核评定意见	经抽检并查验相关检验报告和检验资料，主控项目检验结果全部符合合格质量标准，一般项目逐项检验点的合格率均大于或等于_____％，且不合格点不集中分布。各项报验资料_____ SL 634 标准要求。 工序质量等级评定为：_____ 　　　　　　　　　　　　　　　　监理工程师：　　　（签字，加盖公章） 　　　　　　　　　　　　　　　　　　　　　　　　　年　月　日					
注：本表所填"单元工程量"不作为施工单位工程量结算计量的依据						

<u>×××城市防洪</u> 工程

表 16 　　　　浆砌石护坡单元工程施工质量验收评定表（实例）

单位工程名称	×××段防护工程	单元工程量	189m³
分部工程名称	浆砌石防护工程 (0＋000～2＋153)	施工单位	×××省水利水电工程局
单元工程名称、部位	浆砌石防护工程 (1＋000～1＋060)	施工日期	2010 年 5 月 12—28 日

项次		检验项目	质量要求	检查（检测）记录	合格数	合格率/％
主控项目	1	护坡厚度	设计厚度为 50cm；允许偏差为±5cm	检查 10 点为：51cm、48cm、55cm、46cm、49cm、52cm、53cm、48cm、47cm、50cm	10	100
	2	坡面平整度	允许偏差为±5cm	5cm、4cm、0cm、－2cm、2cm、－3cm	6	100
	3	排水孔反滤	采用无纺布裹头 2 级配砂砾石垫层	采用 200g 长丝无纺布裹头，符合设计要求	—	100
	4	坐浆饱满度	大于 80％	坐浆饱满、无空洞，符合施工规范要求		100
一般项目	1	排水孔设置	连续贯通，孔径、孔距允许偏差±5％，设计排水孔设置分为上下两排，梅花型布置；单排孔距为 4m	检查 5 孔，4 孔符合设计要求，4.1m、4.2m、3.9m、3.8m、4.3m	4	80
	2	变形缝结构与填充质量	缝宽 2cm，缝内填充沥青杉木板，缝宽均匀、平顺，充填材料饱满密实	填充质量全面检查 4 处其中 3 处缝宽均匀、平顺，充填材料饱满密实	3	75
	3	勾缝	应按平缝勾填，无开裂、脱皮现象	符合施工规范要求，无开裂、脱皮现象	—	100

施工单位自评意见	主控项目检验结果全部符合合格质量标准，一般项目逐项检验点的合格率均大于或等于 <u>70</u> ％，且不合格点不集中分布。各项报验资料 <u>符合</u> SL 634 标准要求。 　　工序质量等级评定为： <u>合格</u> 　　　　　　　　　　　　　　　　　　质检人员：×××（签字，加盖公章） 　　　　　　　　　　　　　　　　　　　　　　　　　　2010 年 6 月 1 日
监理机构复核评定意见	经抽检并查验相关检验报告和检验资料，主控项目检验结果全部符合合格质量标准，一般项目逐项检验点的合格率均大于或等于 <u>70</u> ％，且不合格点不集中分布。各项报验资料 <u>符合</u> SL 634 标准要求。 　　工序质量等级评定为： <u>合格</u> 　　　　　　　　　　　　　　　　　　监理工程师：×××（签字，加盖公章） 　　　　　　　　　　　　　　　　　　　　　　　　　　2010 年 6 月 4 日

注：本表所填"单元工程量"不作为施工单位工程量结算计量的依据

表 16　浆砌石护坡单元工程施工质量验收评定表
填　表　说　明

填表时必须遵守"填表基本要求"，并应符合下列要求。

1. 单元工程划分：平顺护岸的护坡工程宜按施工段长 60～100m 划分为一个单元工程，丁坝、垛的护坡工程宜按每个坝、垛划分为一个单元工程。

2. 单元工程量：填写本单元工程量（m^3）。

3. 对进场的水泥、外加剂、砂、块石等原材料质量应按有关规范要求进行全面检验，检验结果应满足相关产品标准。不同批次原材料在工程中的使用部位应有记录，并填写原材料及中间产品备查表（浆砌石护坡单元工程原材料检验备查表、砂浆试块强度检验备查表）（格式参考标准 SL 634）。

4. 检验（检测）项目的检验（检测）方法及数量按下表执行。

检验项目	检查方法	检验数量	填　写　说　明
护坡厚度	量测	每 50～100m² 检测 1 处	1. 填写设计指标； 2. 按检测要求进行取点实测，填写实测值。如实测值多时，可填写统计数，并标注备查资料×××
坡面平整度	量测		按规范及批准的检测计划进行实测，填写实测值。如实测值多时，可填写统计数，并标注备查资料×××
排水孔反滤	检查	每 10 孔检查 1 孔	填写排水孔反滤是否按照设计要求制作
坐浆饱满度	检查	每层每 10m 至少检查 1 处	施工方法为坐浆法，填写砂浆是否饱满。空隙用小石填塞，不得用砂浆充填
排水孔设置	量测	每 10 孔检查 1 孔	排水孔是否按照设计要求安置在相应的位置等
变形缝结构与填充质量	检查	全面检查	填写设计要求，写出检查结果
勾缝	检查		勾缝前，是否进行剔缝，深度要求 20～40cm，是否进行清洗与养护。有无开裂和脱皮现象

5. 单元工程施工质量验收评定应提交下列资料。

（1）施工单位应提交单元工程施工单位各班（组）的初检记录、施工队复检记录、施工单位专职质检员终检记录，验收评定的检验资料，原材料、拌合物与各项实体检验项目的检验记录资料。

（2）监理单位应提交对单元工程施工质量的平行检测资料。

6. 单元工程质量要求。

（1）合格等级标准：各工序施工质量验收评定应全部合格；各项报验资料应符合标准 SL 634 的要求。

（2）优良等级标准：各工序施工质量验收评定应全部合格，其中优良工序应达到 50％及以上，且主要工序应达到优良等级；各项报验资料应符合标准 SL 634 的要求。

表 17　　　混凝土预制块护坡单元工程施工质量验收评定表（样表）

单位工程名称				单元工程量		
分部工程名称				施工单位		
单元工程名称、部位				施工日期		

项次		检验项目	质量要求	检查（检测）记录	合格数	合格率/%
主控项目	1	混凝土预制块外观及尺寸	允许偏差为±5mm 表面平整，无掉角、断裂			
	2	坡面平整度	允许偏差为±1cm			
一般项目	1	混凝土块铺筑	应平整、稳固、缝线规则			

施工单位自评意见	主控项目检验结果全部符合合格质量标准，一般项目逐项检验点的合格率均大于或等于_____%。各项报验资料_____ SL 634 标准要求。 　　单元工程质量等级评定为：_____ 　　　　　　　　　　　质检人员：　　　（签字，加盖公章） 　　　　　　　　　　　　　　　　　　　　　年　月　日
监理机构复核评定意见	经抽检并查验相关检验报告和检验资料，主控项目检验结果全部符合合格质量标准，一般项目逐项检验点的合格率均大于或等于_____%。各项报验资料 _____ SL 634 标准要求。 　　单元工程质量等级评定为：_____ 　　　　　　　　　　　监理工程师：　　　（签字，加盖公章） 　　　　　　　　　　　　　　　　　　　　　年　月　日
注：本表所填"单元工程量"不作为施工单位工程量结算计量的依据	

<u>　×××河治理　</u>工程

表 17　　　混凝土预制块护坡单元工程施工质量验收评定表（实例）

单位工程名称	河道整治工程 （0＋000～9＋300）	单元工程量	735m²	
分部工程名称	龙门段右岸堤防加固工程	施工单位	×××水利水电工程有限公司	
单元工程名称、部位	连锁式生态护坡 （桩号 2＋300～2＋400） 1－2－20	施工日期	2013 年 10 月 20 日—11 月 4 日	

项次		检验项目	质量要求	检查（检测）记录	合格数	合格率/％
主控项目	1	混凝土预制块外观及尺寸	混凝土块设计为：12cm×30cm×40m；允许偏差为±5mm；表面平整，无掉角、断裂	共检测 61 块（附表见单元工程施工检验记录备查表），均在验收评定标准要求允许偏差范围内，表面平整，无掉角、断裂	61	100
	2	坡面平整度	允许偏差为±1cm	经 2m 靠尺现场测量，数值均在验收评定标准允许偏差范围内，检测 8 点，合格 8 点	8	100
一般项目	1	混凝土块铺筑	应平整、稳固、缝线规则	按堤轴线方向每 10m 布置方格网进行抽检，共检测 10 个点，合格 8 点	8	80

施工单位自评意见	主控项目检验结果全部符合合格质量标准，一般项目逐项检验点的合格率均大于或等于 <u>70</u> ％。各项报验资料 <u>符合</u> SL 634 标准要求。 　　单元工程质量等级评定为：<u>合格</u> 　　　　　　　　　　　　　　　质检人员：×××（签字，加盖公章） 　　　　　　　　　　　　　　　　　　　　　　2013 年 11 月 6 日
监理机构复核评定意见	经抽检并查验相关检验报告和检验资料，主控项目检验结果全部符合合格质量标准，一般项目逐项检验点的合格率均大于或等于 <u>70</u> ％。各项报验资料 <u>符合</u> SL 634 标准要求。 　　单元工程质量等级评定为：<u>合格</u> 　　　　　　　　　　　　　　　监理工程师：×××（签字，加盖公章） 　　　　　　　　　　　　　　　　　　　　　　2013 年 11 月 8 日

注：本表所填"单元工程量"不作为施工单位工程量结算计量的依据

表17 混凝土预制块护坡单元工程施工质量验收评定表

填 表 说 明

填表时必须遵守"填表基本要求",并应符合下列要求。

1. 单元工程划分:平顺护岸的护坡工程宜按施工段长 60～100m 划分为一个单元工程,丁坝、垛的护坡工程宜按每个坝、垛划分为一个单元工程。

2. 单元工程量:填写本单元工程量(m^3 或 m^2)。

3. 混凝土预制块若为对外采购,应有生产厂的出厂合格证和品质试验报告,使用单位应按有关规定进行检验,检验合格后方可使用。混凝土预制块若为现场预制,对进场的水泥、钢筋(若预制块中含钢筋)、掺合料、外加剂、砂石骨料等原材料质量应按有关规范要求进行全面检验,检验结果应满足相关产品质量要求,并填写原材料及中间产品备查表(混凝土单元工程原材料检验备查表、混凝土单元工程骨料检验备查表、混凝土拌合物性能检验备查表、硬化混凝土性能检验备查表)。

4. 检验(检测)项目的检验(检测)方法及数量按下表执行。

检验项目	检验方法	检验数量	填写要求
混凝土预制块外观及尺寸	观察、量测	每 50～100 块检测 1 块	填写量测结果
坡面平整度	量测	每 50～100m^2 检测 1 处	填写量测结果
混凝土块铺筑	检查	全数检查	简单描述铺筑过程和检查的结果

5. 单元工程施工质量验收评定应提交下列资料。

(1)施工单位应提交单元工程施工单位各班(组)的初检记录、施工队复检记录、施工单位专职质检员终检记录,验收评定的检验资料,原材料、拌合物与各项实体检验项目的检验记录资料。

(2)监理单位应提交对单元工程施工质量的平行检测资料。

6. 单元工程质量要求。

(1)合格等级标准:各工序施工质量验收评定应全部合格;各项报验资料应符合标准 SL 634 的要求。

(2)优良等级标准:各工序施工质量验收评定应全部合格,其中优良工序应达到 50％及以上,且主要工序应达到优良等级;各项报验资料应符合标准 SL 634 的要求。

表 18　　　　现浇混凝土护坡单元工程施工质量验收评定表（样表）

单位工程名称				单元工程量		
分部工程名称				施工单位		
单元工程名称、部位				施工日期		
项次		检验项目	质量要求	检查（检测）记录	合格数	合格率/%
主控项目	1	护坡厚度	允许偏差为±1cm			
	2	排水孔反滤层	符合设计要求			
一般项目	1	坡面平整度	允许偏差为±1cm			
	2	排水孔设置	连续贯通，孔径、孔距允许偏差±5%设计值			
	3	变形缝结构与填充质量	符合设计要求			
施工单位自评意见	主控项目检验结果全部符合合格质量标准，一般项目逐项检验点的合格率均大于或等于_____％。各项报验资料_____ SL 634 标准要求。 　　单元工程质量等级评定为：_____ 　　　　　　　　　　　　　　　　　质检人员：　　（签字，加盖公章） 　　　　　　　　　　　　　　　　　　　　　　　　　　年　月　日					
监理机构复核评定意见	经抽检并查验相关检验报告和检验资料，主控项目检验结果全部符合合格质量标准，一般项目逐项检验点的合格率均大于或等于_____％。各项报验资料__符合__ SL 634 标准要求。 　　单元工程质量等级评定为：_____ 　　　　　　　　　　　　　　　　　监理工程师：　　（签字，加盖公章） 　　　　　　　　　　　　　　　　　　　　　　　　　　年　月　日					
注：本表所填"单元工程量"不作为施工单位工程量结算计量的依据						

表 18 　　　现浇混凝土护坡单元工程施工质量验收评定表（实例）

单位工程名称	堤防工程		单元工程量	90m³		
分部工程名称	堤身防护		施工单位	×××水利水电工程有限公司		
单元工程名称、部位	混凝土护坡 （K1＋000～K1＋040）		施工日期	2013 年 5 月 1—29 日		
项次		检验项目	质量要求	检查（检测）记录	合格数	合格率/%
主控项目	1	护坡厚度	设计要求：混凝土板厚 15cm 允许偏差为±1cm	15.0cm、16.0cm、15.5cm、16.0cm、14.5cm、14.0cm	6	100
	2	排水孔反滤层	设计要求：排水管端部包两层土工布 300g/m²	检查 3 孔均包裹了两层 300g/m² 土工布	3	100
一般项目	1	坡面平整度	允许偏差为±1cm	1.2cm、1.0cm、0.5cm、0.0cm、0.5cm、1.0cm	5	83.3
	2	排水孔设置	设计值孔径 10cm，孔距 5m，上下两排成梅花形布置；连续贯通，孔径、孔距允许偏差±5%	孔径 10cm、10cm、10cm 孔距 5.25m、5.10m、5.02m、5.20m、5.05m、5.0m、5.0m	5	71
	3	变形缝结构与填充质量	设计要求：缝宽 2cm，缝内填充沥青杉木板，缝宽均匀、平顺，充填材料饱满密实	填充质量全面检查 4 处其中 3 处缝宽均匀、平顺，充填材料饱满密实	3	75
施工单位自评意见		主控项目检验结果全部符合合格质量标准，一般项目逐项检验点的合格率均大于或等于＿70＿%。各项报验资料＿符合＿SL 634 标准要求。 单元工程质量等级评定为：＿合格＿ 　　　　　　　　　　　　　　　　　质检人员：×××（签字，加盖公章） 　　　　　　　　　　　　　　　　　2013 年 6 月 7 日					
监理机构复核评定意见		经抽检并查验相关检验报告和检验资料，主控项目检验结果全部符合合格质量标准，一般项目逐项检验点的合格率均大于或等于＿70＿%。各项报验资料＿符合＿SL 634 标准要求。 单元工程质量等级评定为：＿合格＿ 　　　　　　　　　　　　　　　　　监理工程师：×××（签字，加盖公章） 　　　　　　　　　　　　　　　　　2013 年 6 月 9 日					
注：本表所填"单元工程量"不作为施工单位工程量结算计量的依据						

表18 现浇混凝土护坡单元工程施工质量验收评定表
填 表 说 明

填表时必须遵守"填表基本要求",并应符合下列要求。

1. 单元工程划分:宜按施工段长 30~50m 划分为一个单元工程,丁坝、垛的护坡工程宜按每个坝、垛划分为一个单元工程。单元工程量填写本单元工程量(m³)。

2. 对进场的水泥、钢筋(若混凝土中含钢筋)、掺合料、外加剂、砂石骨料等原材料质量应按有关规范要求进行全面检验,检验结果应满足相关产品质量要求,并填写原材料及中间产品备查表(混凝土单元工程原材料检验备查表、混凝土单元工程骨料检验备查表、混凝土拌合物性能检验备查表、硬化混凝土性能检验备查表)。

3. 检验(检测)项目的检验(检测)方法及数量按下表执行。

检验项目	检验方法	检验数量	填写说明
护坡厚度	量测	每 50~100m² 检测 1 处	填写检查结果
排水孔反滤层	检查	每 10 孔检查 1 孔	填写检查结果
坡面平整度	量测	每 50~100m² 检测 1 次	填写检查结果
排水孔设置	量测	每 10 孔检查 1 孔	填写检查结果
变形缝结构与填充质量	检查	全面检查	填写检查结果

4. 单元工程施工质量验收评定应提交下列资料。

(1)施工单位应提交单元工程施工单位各班(组)的初检记录、施工队复检记录、施工单位专职质检员终检记录,验收评定的检验资料,原材料、拌合物与各项实体检验项目的检验记录资料。

(2)监理单位应提交对单元工程施工质量的平行检测资料。

5. 单元工程质量要求。

(1)合格等级标准:各工序施工质量验收评定应全部合格;各项报验资料应符合标准 SL 634 的要求。

(2)优良等级标准:各工序施工质量验收评定应全部合格,其中优良工序应达到 50% 及以上,且主要工序应达到优良等级;各项报验资料应符合标准 SL 634 的要求。

表 19   模袋混凝土护坡单元工程施工质量验收评定表（样表）

单位工程名称			单元工程量		
分部工程名称			施工单位		
单元工程名称、部位			施工日期		
项次		检验项目	质量要求	检查（检测）记录	合格数	合格率/%
主控项目	1	模袋搭接和固定方式	应符合设计要求			
	2	护坡厚度	允许偏差为±5％设计值			
	3	排水孔反滤层	应符合设计要求			
一般项目	1	排水孔设置	连续贯通，孔径、孔距允许偏差±5％设计值			
施工单位自评意见	主控项目检验结果全部符合合格质量标准，一般项目逐项检验点的合格率均大于或等于_____％。各项报验资料_____SL 634 标准要求。 单元工程质量等级评定为：_____ 质检人员： （签字，加盖公章） 年 月 日					
监理机构复核评定意见	经抽检并查验相关检验报告和检验资料，主控项目检验结果全部符合合格质量标准，一般项目逐项检验点的合格率均大于或等于_____％。各项报验资料_____SL 634 标准要求。 单元工程质量等级核定为：_____ 监理工程师： （签字，加盖公章） 年 月 日					
注：本表所填"单元工程量"不作为施工单位工程量结算计量的依据						

表19　　　模袋混凝土护坡单元工程施工质量验收评定表（实例）

单位工程名称	×××堤防工程	单元工程量	300m³
分部工程名称	护坡工程	施工单位	×××水利水电工程有限公司
单元工程名称、部位	模袋混凝土护坡（0+000～0+100）	施工日期	2006年5月10—18日

项次		检验项目	质量要求	检查（检测）记录	合格数	合格率/%
主控项目	1	模袋搭接和固定方式	模袋搭接采用平接缝制，上部采用钢筋锚固（见技设图）	模袋之间采用平接缝制，无漏缝和脱线情况，锚固结实	—	100
	2	护坡厚度	设计厚度（20cm）允许偏差为±5%	20cm、21cm、19cm、20cm、20.5cm、19cm、21cm、20.5cm、19.5cm、19cm	10	100
	3	排水孔反滤层	铺设无纺布后，设15cm反滤层厚，2级配砂砾石。偏差值±2cm	检测10点：14cm、13cm、15cm、16cm、17cm、14cm、13cm、15cm、16cm、15cm；采用2级配砂砾石铺填	10	100
一般项目	1	排水孔设置	设计值为上下2层，成梅花形布置，孔径10cm，孔距4m；连续贯通，孔径、孔距允许偏差±5%	3.9m、3.8m、4.2m、4.1m、4.3m、3.75m、4.4m、4.2m、4.1m、4m	7	70

施工单位自评意见	主控项目检验结果全部符合合格质量标准，一般项目逐项检验点的合格率均大于或等于　70　%。各项报验资料　符合　SL 634标准要求。 单元工程质量等级评定为：　合格 质检人员：×××（签字，加盖公章） 2006年5月25日
监理机构复核评定意见	经抽检并查验相关检验报告和检验资料，主控项目检验结果全部符合合格质量标准，一般项目逐项检验点的合格率均大于或等于　70　%。各项报验资料　符合　SL 634标准要求。 单元工程质量等级核定为：　合格 监理工程师：×××（签字，加盖公章） 2006年5月28日

注：本表所填"单元工程量"不作为施工单位工程量结算计量的依据

表 19　模袋混凝土护坡单元工程施工质量验收评定表

填 表 说 明

填表时必须遵守"填表基本要求",并应符合下列要求。

1. 单元工程划分:平顺护岸的护坡工程宜按施工段长 60～100m 划分为一个单元工程,丁坝、垛的护坡工程宜按每个坝、垛划分为一个单元工程。单元工程量填写本单元工程量(m^2 或 m^3)。

2. 对进场的水泥、钢筋(若混凝土中含钢筋)、掺合料、外加剂、砂石骨料、模袋等原材料质量应按有关规范要求进行全面检验,检验结果应满足相关产品质量要求,并填写原材料及中间产品备查表(混凝土单元工程原材料检验备查表、混凝土单元工程骨料检验备查表、混凝土拌合物性能检验备查表、硬化混凝土性能检验备查表)。

3. 检验(检测)项目的检验(检测)方法及数量按下表执行。

检验项目	检验方法	检验数量	填写说明
模袋搭接和固定方式	检验	全数检验	根据设计要求进行检查,实事求是描述
护坡厚度	检验	每 10～50m^2 检查 1 点	填写抽检数值
排水孔反滤层	检查	每 10 孔检查 1 孔	填写检查结果
排水孔设置	量测	每 10 孔检查 1 孔	填写检查结果

4. 单元工程施工质量验收评定应提交下列资料。

(1) 施工单位应提交单元工程施工单位各班(组)的初检记录、施工队复检记录、施工单位专职质检员终检记录。

(2) 见证取样记录,原材料、拌合物的试验检测记录资料,材料出厂合格证明。

(3) 原材料及中间产品备查表资料。

(4) 单元工程施工质量验收评定表。

(5) 监理单位应提交对单元工程施工质量的平行检测资料。

5. 单元工程质量要求。

(1) 合格等级标准:各工序施工质量验收评定应全部合格;各项报验资料应符合标准 SL 634 的要求。

(2) 优良等级标准:各工序施工质量验收评定应全部合格,其中优良工序应达到 50％ 及以上,且主要工序应达到优良等级;各项报验资料应符合标准 SL 634 的要求。

表 20　　　　灌砌石护坡单元工程施工质量验收评定表（样表）

单位工程名称				单元工程量		
分部工程名称				施工单位		
单元工程名称、部位				施工日期		

项次		检验项目	质量要求	检查（检测）记录	合格数	合格率/％
主控项目	1	细石混凝土填灌	均匀密实、饱满			
	2	排水孔反滤	应符合设计要求			
	3	护坡厚度	允许偏差为±5cm			
一般项目	1	坡面平整度	允许偏差为±8cm			
	2	排水孔设置	连续贯通，孔径、孔距允许偏差±5％设计值			
	3	变形缝结构与填充质量	应符合设计要求			

施工单位自评意见	主控项目检验结果全部符合合格质量标准，一般项目逐项检验点的合格率均大于或等于_____％。各项报验资料_____SL 634 标准要求。 单元工程质量等级评定为：_____ 　　　　　　　　　　　　　　　　　　质检人员：　　（签字，加盖公章） 　　　　　　　　　　　　　　　　　　　　　　　年　月　日
监理机构复核评定意见	经抽检并查验相关检验报告和检验资料，主控项目检验结果全部符合合格质量标准，一般项目逐项检验点的合格率均大于或等于_____％。各项报验资料_____SL 634 标准要求。 单元工程质量等级核定为：_____ 　　　　　　　　　　　　　　　　　　监理工程师：　　（签字，加盖公章） 　　　　　　　　　　　　　　　　　　　　　　　年　月　日
注：本表所填"单元工程量"不作为施工单位工程量结算计量的依据	

×××堤防　工程

表 20　　　　　　**灌砌石护坡单元工程施工质量验收评定表（实例）**

单位工程名称	×××堤防工程	单元工程量	300m³
分部工程名称	右岸护坡	施工单位	×××省水利水电工程局
单元工程名称、部位	灌砌石护坡 （2＋100～2＋200） 1－2－23	施工日期	2008 年 5 月 25 日—6 月 10 日

项次		检验项目	质量要求	检查（检测）记录	合格数	合格率/％
主控项目	1	细石混凝土填灌	均匀密实、饱满	细石混凝土填灌较均匀、饱满（详见检查记录）	—	100
	2	排水孔反滤	10cm PE 管，反滤采用 200g 长丝无纺布包裹。反滤料级配为 2 级配	反滤料粒径、级配和结构、厚度均符合设计要求（详见检查记录）	—	100
	3	护坡厚度	设计厚度：30cm；允许偏差为±5cm	检测 8 点，分别为：32cm、30cm、31cm、31cm、27cm、28cm、30cm、32cm	8	100
一般项目	1	坡面平整度	允许偏差为±8cm	6cm、5cm、6cm、3cm、－4cm、－9cm、5cm、9cm	6	75
	2	排水孔设置	连续贯通，孔径、孔距允许偏差±5%设计值孔径 100mm；孔距 2m	孔径：100mm、100mm、100mm、100mm；孔距：2.5m、2.4m、2.2m、2.5m	3	75
	3	变形缝结构与填充质量	每 10m 设变形缝宽 20cm，（±2mm）沥青木板填充，严禁假缝	检查 10 个，缝宽为 19cm、20cm、21cm、20cm、23cm、18cm、19cm、24cm、21cm、23cm	8	80

施工单位 自评意见	主控项目检验结果全部符合合格质量标准，一般项目逐项检验点的合格率均大于或等于 　70　％。各项报验资料　符合　SL 634 标准要求。 单元工程质量等级评定为：　合格　 　　　　　　　　　　　　　　　质检人员：×××（签字，加盖公章） 　　　　　　　　　　　　　　　　　　　　　2008 年 6 月 15 日
监理机构 复核评定 意见	经抽检并查验相关检验报告和检验资料，主控项目检验结果全部符合合格质量标准，一般项目逐项检验点的合格率均大于或等于　70　％。各项报验资料　符合　SL 634 标准要求。 单元工程质量等级核定为：　合格　 　　　　　　　　　　　　　　　监理工程师：×××（签字，加盖公章） 　　　　　　　　　　　　　　　　　　　　　2008 年 6 月 20 日
注：本表所填"单元工程量"不作为施工单位工程量结算计量的依据	

表20 灌砌石护坡单元工程施工质量验收评定表

填 表 说 明

填表时必须遵守"填表基本要求",并应符合下列要求。

1. 单元工程划分:平顺护岸的护坡工程宜按施工段长 60～100m 划分为一个单元工程,丁坝、垛的护坡工程宜按每个坝、垛划分为一个单元工程。单元工程量填写本单元工程量(m³)。

2. 对进场的水泥、外加剂、砂石骨料等原材料质量应按有关规范要求进行全面检验,检验结果应满足相关产品质量要求,并填写原材料及中间产品备查表(混凝土单元工程原材料检验备查表、混凝土单元工程骨料检验备查表、混凝土拌合物性能检验备查表)。

3. 检验(检测)项目的检验(检测)方法及数量按下表执行。

检验项目	检查方法	检验数量	填写说明
细石混凝土填灌	检查	每 10m² 检查 1 次	描述结果
排水孔反滤	检查	每 10 孔检查 1 孔	描述检查结果
护坡厚度	量测	每 50～100m² 检测 1 次	填写检查数据
坡面平整度	量测	每 50～100m² 检测 1 处	填写检查数据
排水孔设置	量测	每 10 孔检查 1 孔	填写检查数据
变形缝结构与填充质量	检查	全面检查	填写检查数据

4. 单元工程施工质量验收评定应提交下列资料。

(1)施工单位应提交单元工程中所含工序(或检验项目)验收评定的检验资料,原材料、拌合物与各项实体检验项目的检验记录资料。

(2)监理单位应提交对单元工程施工质量的平行检测资料。

5. 单元工程质量要求。

(1)合格等级标准:各工序施工质量验收评定应全部合格;各项报验资料应符合标准 SL 634 的要求。

(2)优良等级标准:各工序施工质量验收评定应全部合格,其中优良工序应达到 50%及以上,且主要工序应达到优良等级;各项报验资料应符合标准 SL 634 的要求。

表 21　　　　**植草护坡单元工程施工质量验收评定表（样表）**

单位工程名称				单元工程量		
分部工程名称				施工单位		
单元工程名称、部位				施工日期		
项次		检验项目	质量要求	检查（检测）记录	合格数	合格率/%
主控项目	1	坡面清理	应符合设计要求			
一般项目	1	铺植密度	应符合设计要求			
	2	铺植范围	长度允许偏差为±30cm，宽度允许偏差为±20cm			
	3	排水沟	应符合设计要求			
施工单位自评意见		主控项目检验结果全部符合合格质量标准，一般项目逐项检验点的合格率均大于或等于_____%。各项报验资料_____SL 634标准要求。 单元工程质量等级评定为：_____ 　　　　　　　　　　　　　　　　质检人员：　　　（签字，加盖公章） 　　　　　　　　　　　　　　　　　　　　　　　　　年　月　日					
监理机构复核评定意见		经抽检并查验相关检验报告和检验资料，主控项目检验结果全部符合合格质量标准，一般项目逐项检验点的合格率均大于或等于_____%。各项报验资料_____SL 634标准要求。 单元工程质量等级核定为：_____ 　　　　　　　　　　　　　　　　监理工程师：　　　（签字，加盖公章） 　　　　　　　　　　　　　　　　　　　　　　　　　年　月　日					

注：本表所填"单元工程量"不作为施工单位工程量结算计量的依据

___×××堤防___ 工程

表 21　　　　植草护坡单元工程施工质量验收评定表（实例）

单位工程名称	×××堤防工程	单元工程量	1500m²
分部工程名称	左岸护坡	施工单位	×××水利水电工程有限公司
单元工程名称、部位	植草护坡 （0＋100～0＋200）	施工日期	2005 年 6 月 6—10 日

项次		检验项目	质量要求	检查（检测）记录	合格数	合格率/%
主控项目	1	坡面清理	设计要求：坡面无卵石、坑穴，基面为腐殖土	清除杂草杂物及乱石、树根，表面平整，基面为腐殖土	—	100
一般项目	1	铺植密度	设计郁闭度达到85％	经抽样检查，郁闭度达到90％	—	90
	2	铺植范围	长度为单元桩号范围，长度允许偏差为±30cm；从堤顶到坡脚范围，宽度允许偏差为±20cm	长度方向：20.1m、20m、20m、19.7m、20.2m；宽度方向：4.1m、4.5m、4m、4m、4m	4	70
	3	排水沟	应符合设计要求	—	—	—

施工单位 自评意见	主控项目检验结果全部符合合格质量标准，一般项目逐项检验点的合格率均大于或等于 ___70___ ％。各项报验资料 ___符合___ SL 634 标准要求。 单元工程质量等级评定为：___合格___ 　　　　　　　　　　　　　　　质检人员：×××（签字，加盖公章） 　　　　　　　　　　　　　　　2005 年 6 月 30 日
监理机构 复核评定 意见	经抽检并查验相关检验报告和检验资料，主控项目检验结果全部符合合格质量标准，一般项目逐项检验点的合格率均大于或等于 ___70___ ％。各项报验资料 ___符合___ SL 634 标准要求。 单元工程质量等级核定为：___合格___ 　　　　　　　　　　　　　　　监理工程师：×××（签字，加盖公章） 　　　　　　　　　　　　　　　2005 年 7 月 3 日

注：本表所填"单元工程量"不作为施工单位工程量结算计量的依据

表 21　植草护坡单元工程施工质量验收评定表

填 表 说 明

填表时必须遵守"填表基本要求",并应符合下列要求。

1. 单元工程划分:按施工段长 60～100m 划分为一个单元工程。

2. 单元工程量:填写本单元工程量 (m^2)。

3. 检验(检测)项目的检验(检测)方法及数量按下表执行。

检验项目	检验方法	检验数量	填写说明
坡面清理	观察	全面检查	根据检查情况,描述是否符合设计要求
铺植密度	观察	全面检查	采用抽样法
铺植范围	量测	每 20m 检查 1 处	填写量测数据
排水沟	检查	全面检查	填写检查结果

4. 本单元工程施工质量验收评定应包括下列资料。

(1)施工单位应提交单元工程施工单位各班(组)的初检记录、施工队复检记录、施工单位专职质检员终检记录,验收评定的检验资料,原材料与各项实体检验项目的检验记录资料。

(2)监理单位应提交对单元工程施工质量的平行检测资料。

5. 单元工程质量要求。

(1)合格等级标准。

1)主控项目,检验结果应全部符合标准 SL 634 的要求。

2)一般项目,逐项应有 70% 及以上的检验点合格,且不合格点不应集中。

3)各项报验资料应符合标准 SL 634 的要求。

(2)优良等级标准。

1)主控项目,检验结果应全部符合标准 SL 634 的要求。

2)一般项目,逐项应有 90% 及以上的检验点合格,且不合格点不应集中。

3)各项报验资料应符合标准 SL 634 的要求。

表 22 　　　　　**防浪护堤林单元工程施工质量验收评定表（样表）**

单位工程名称				单元工程量		
分部工程名称				施工单位		
单元工程名称、部位				施工日期		
项次		检验项目	质量要求	检查（检测）记录	合格数	合格率/％
主控项目	1	苗木规格与品质	应符合设计要求			
	2	株距、行距	允许偏差为±10％设计值			
一般项目	1	树坑尺寸	应符合设计要求			
	2	种植范围	允许偏差：不大于株距			
	3	树坑回填	应符合设计要求			
施工单位自评意见		主控项目检验结果全部符合合格质量标准，一般项目逐项检验点的合格率均大于或等于_____％。各项报验资料_____SL 634标准要求。 　单元工程质量等级评定为：_____ 　　　　　　　　　　　　　　　　质检人员：　　（签字，加盖公章） 　　　　　　　　　　　　　　　　　　　　　　　年　月　日					
监理机构复核评定意见		经抽检并查验相关检验报告和检验资料，主控项目检验结果全部符合合格质量标准，一般项目逐项检验点的合格率均大于或等于_____％。各项报验资料_____SL 634标准要求。 　单元工程质量等级核定为：_____ 　　　　　　　　　　　　　　　　监理工程师：　　（签字，加盖公章） 　　　　　　　　　　　　　　　　　　　　　　　年　月　日					
注：本表所填"单元工程量"不作为施工单位工程量结算计量的依据						

<u>　×××堤防　</u>工程

表 22 　　　　防浪护堤林单元工程施工质量验收评定表（实例）

单位工程名称	×××堤防工程	单元工程量	8000m²
分部工程名称	左岸护坡	施工单位	×××水利水电工程有限公司
单元工程名称、部位	防浪护堤林 （0＋100～0＋300）	施工日期	2004 年 5 月 15—25 日

	项次	检验项目	质量要求	检查（检测）记录	合格数	合格率/％
主控项目	1	苗木规格与品质	应符合设计要求（3年生苗木，胸径不低于 2.0cm）	苗木规格和质量（详见苗木合格证），2.1cm、2.2cm、2.1cm、2.3cm、2.5cm、2.0cm、2.2cm、2.4cm、2.6cm、2.5cm	10	100
	2	株距、行距	允许偏差为±10％设计值，株距 1.00m，行距 1.50m	株距：1m、1.05m、0.97m、0.95m、1.05；行距：1.5m、1.4m、1.6m、1.4m、1.5m	10	100
一般项目	1	树坑尺寸	应符合设计要求（直径不小于 40cm，深度不小于 30cm）	随机抽取 20 个，合格 14个；直径：38cm、40cm、42cm、45cm、43cm、36cm、41cm、39cm、44cm、41cm；深度：28cm、29cm、34cm、32cm、31cm、33cm、32cm、28cm、31cm、33cm	14	70
	2	种植范围	允许偏差：不大于株距	0.8m、1m、1.1m、0.95m	3	75
	3	树坑回填	应符合设计要求（土回填且密实）	回填土不含盐碱性杂质及垃圾	—	100

施工单位自评意见	主控项目检验结果全部符合合格质量标准，一般项目逐项检验点的合格率均大于或等于 <u>70</u> ％。各项报验资料 <u>符合</u> SL 634 标准要求。 单元工程质量等级评定为：<u>合格</u> 　　　　　　　　　　质检人员：×××（签字，加盖公章） 　　　　　　　　　　　　　　　　　　　　2004 年 5 月 30 日
监理机构复核评定意见	经抽检并查验相关检验报告和检验资料，主控项目检验结果全部符合合格质量标准，一般项目逐项检验点的合格率均大于或等于 <u>70</u> ％。各项报验资料 <u>符合</u> SL 634 标准要求。 单元工程质量等级核定为：<u>合格</u> 　　　　　　　　　　监理工程师：×××（签字，加盖公章） 　　　　　　　　　　　　　　　　　　　　2004 年 6 月 3 日

注：本表所填"单元工程量"不作为施工单位工程量结算计量的依据

表 22 防浪护堤林单元工程施工质量验收评定表

填 表 说 明

填表时必须遵守"填表基本要求",并应符合下列要求。

1. 单元工程划分:按施工段长 60～100m 划分为一个单元工程。

2. 单元工程量:填写本单元工程量(m 或 m³)。

3. 检验(检测)项目的检验(检测)方法及数量按下表执行。

检验项目	检验方法	检验数量	填写说明
苗木规格与品质	检查	全面检查	填写检查结果
株距、行距	量测	每 300～500m² 检测 1 处	填写检查结果
树坑尺寸	检查	全面检查	填写检查结果
种植范围	量测	每 20～50m 检查 1 处	填写检查结果
树坑回填	观察	全数检查	描述检查结果

4. 本单元工程施工质量验收评定应包括下列资料。

(1)施工单位应提交单元工程施工单位各班(组)的初检记录、施工队复检记录、施工单位专职质检员终检记录,验收评定的检验资料,原材料与各项实体检验项目的检验记录资料。

(2)监理单位应提交对单元工程施工质量的平行检测资料。

5. 单元工程质量要求。

(1)合格等级标准。

1)主控项目,检验结果应全部符合标准 SL 634 的要求。

2)一般项目,逐项应有 70% 及以上的检验点合格,且不合格点不应集中。

3)各项报验资料应符合标准 SL 634 的要求。

(2)优良等级标准。

1)主控项目,检验结果应全部符合标准 SL 634 的要求。

2)一般项目,逐项应有 90% 及以上的检验点合格,且不合格点不应集中。

3)各项报验资料应符合标准 SL 634 的要求。

表 23   **河道疏浚单元工程施工质量验收评定表（样表）**

单位工程名称				单元工程量		
分部工程名称				施工单位		
单元工程名称、部位				施工日期		
项次		检验项目	质量要求	检查（检测）记录	合格数	合格率/%
主控项目	1	河道过水断面面积	不小于设计断面面积			
	2	宽阔水域平均底高程	达到设计规定高程			
一般项目	1	局部欠挖	深度小于 0.3m，面积小于 5.0m²			
	2	开挖横断面每边最大允许超宽值、最大允许超深值	符合设计和"开挖横断面每边最大允许超宽值和最大允许超深值"要求，超深、超宽不应危及堤防、护坡及岸边建筑物的安全			
	3	开挖轴线位置	应符合设计要求			
	4	弃土处置	应符合设计要求			

注：边坡如按梯形断面开挖时，可允许下超上欠，其断面超、欠面积比应大于1，并控制在1.5以内

施工单位自评意见	主控项目检验结果全部符合合格质量标准，一般项目逐项检验点的合格率均大于或等于_____％。各项报验资料_____SL 634 标准要求。
	
	单元工程质量等级评定为：_____
	
	                     质检人员： （签字，加盖公章）
	                                    年 月 日

监理机构复核评定意见	经抽检并查验相关检验报告和检验资料，主控项目检验结果全部符合合格质量标准，一般项目逐项检验点的合格率均大于或等于_____％。各项报验资料_____SL 634 标准要求。
	
	单元工程质量等级评定为：_____
	
	                     监理工程师： （签字，加盖公章）
	                                    年 月 日

注：本表所填"单元工程量"不作为施工单位工程量结算计量的依据

表 23　　**河道疏浚单元工程施工质量验收评定表（实例）**

单位工程名称	×××河道整治工程		单元工程量	15000m³	
分部工程名称	河道清淤疏浚工程		施工单位	中国水利水电第××工程局	
单元工程名称、部位	河道疏浚 (0+300～0+600)		施工日期	2012 年 6 月 10—20 日	
项次		检验项目	质量要求	检查（检测）记录	合格数	合格率/%
主控项目	1	河道过水断面面积	不小于设计断面面积 （50m×3m）	达到设计要求，详见横断断面测量记录，检测 5 个，合格 5 个	5	100
	2	宽阔水域平均底高程	达到设计规定高程 102.30m	达到设计高程，详见横断断面测量记录	5	100
一般项目	1	局部欠挖	深度小于 0.3m，面积小于 5.0m²	欠挖部分深度小于 0.3m，面积小于 5.0m²	—	100
	2	开挖横断面每边最大允许超宽值、最大允许超深值	设计断面宽度 50m，深度 3m；开挖横断面每边最大允许超宽值 1m、最大允许超深值 0.5m，超深、超宽不应危及堤防、护坡及岸边建筑物的安全	链斗式挖掘机开挖时两侧超宽距离小于 1m 及超深部分小于 0.3m，详见影像资料，检测 5 点，合格 4 点	4	80
	3	开挖轴线位置	应符合设计要求（见技施图）	符合设计要求，详见横断面及纵断面测量记录	—	100
	4	弃土处置	应符合设计要求（见设计技术要求）	弃土位置和方式均符合设计要求，详见影像资料	—	100
注：边坡如按梯形断面开挖时，可允许下超上欠，其断面超、欠面积比应大于 1，并控制在 1.5 以内						
施工单位自评意见	主控项目检验结果全部符合合格质量标准，一般项目逐项检验点的合格率均大于或等于 **90** ％。各项报验资料 **符合** SL 634 标准要求。 单元工程质量等级评定为：**合格** 　　　　　　　　　　质检人员：×××（签字，加盖公章） 　　　　　　　　　　2012 年 6 月 24 日					
监理机构复核评定意见	经抽检并查验相关检验报告和检验资料，主控项目检验结果全部符合合格质量标准，一般项目逐项检验点的合格率均大于或等于 **90** ％。各项报验资料 **符合** SL 634 标准要求。 单元工程质量等级评定为：**优良** 　　　　　　　　　　监理工程师：×××（签字，加盖公章） 　　　　　　　　　　2012 年 6 月 26 日					
注：本表所填"单元工程量"不作为施工单位工程量结算计量的依据						

表 23　河道疏浚单元工程施工质量验收评定表

填　表　说　明

填表时必须遵守"填表基本要求"，并应符合下列要求。

1. 单元工程划分：按设计、施工控制质量要求，每一疏浚河段划分为一个单元工程。当设计无特殊要求时，河道疏浚施工宜以 200～500m 疏浚河段划分为一单元工程。

2. 单元工程量：填写本单元工程量（m^3）。

3. 检验（检测）项目的检验（检测）方法及数量按下表执行。

检验项目	检验方法	检验数量	填写说明
河道过水断面面积	测量	检测疏浚河道的横断面，横断面间距为 50m，检测点间距 2～7m，必要时可检测河道纵断面进行复核	通过河道疏浚前后测量断面的对比情况以及影像资料说明质量情况
宽阔水域平均底高程			
局部欠挖			
开挖横断面每边最大允许超宽值、最大允许超深值			
开挖轴线位置		全数检查	
弃土处置	检查	全面检查	

4. 开挖横断面每边最大允许超宽值和最大允许超深值。

挖泥船类型	机　具　规　格		最大允许超宽值/m	最大允许超深值/m
绞吸式	绞刀直径	＞2.0m	1.5	0.6
		1.5～2.0m	1.0	0.5
		＜1.5m	0.5	0.4
链斗式	斗容量	＞0.5m^3	1.5	0.4
		≤0.5m^3	1.0	0.3
铲扬式	斗容量	＞2.0m^3	1.5	0.5
		≤2.0m^3	1.0	0.4
抓斗式	斗容量	＞4m^3	1.5	0.8
		2.0～4.0m^3	1.0	0.6
		≤2.0m^3	0.5	0.4

5. 本单元工程施工质量验收评定应包括下列资料。

（1）施工单位应提交单元工程施工单位各班（组）的初检记录、施工队复检记录、施工单位专职质检员终检记录，验收评定的检验资料，原材料与各项实体检验项目的检验记录资料。

（2）监理单位应提交对单元工程施工质量的平行检测资料。

6. 单元工程质量要求。

（1）合格等级标准。

1）主控项目，检验结果应全部符合标准 SL 634 的要求。

2）一般项目，逐项应有 90％及以上的检验点合格，且不合格点不应集中。

3）各项报验资料应符合标准 SL 634 的要求。

（2）优良等级标准。

1）主控项目，检验结果应全部符合标准 SL 634 的要求。

2）一般项目，逐项应有 95％及以上的检验点合格，且不合格点不应集中。

3）各项报验资料应符合标准 SL 634 的要求。

第二部分

施工质量评定
备查表

_____工程

表 1　　　　　　　　　　　　　　**工程测量复核记录表（样表）**

工程名称				
单位工程名称		复核仪器 名称、型号		
分部工程名称		施工单位		
复核部位		复核日期	年　月　日	
复核内容（文字及草图）：				
复核结论：				
技术负责人		复核人		施测人	

表 2   **单元（工序）工程施工检验记录表（样表）**

单位工程名称		单元工程量	
分部工程名称		施工单位	
单元（工序）工程名称、部位		施工日期	年 月 日— 年 月 日

序号	检测项目	初检	复检	终检

初检负责人：	复检负责人：	终检负责人：
年 月 日	年 月 日	年 月 日

注：记录内容不可打印、只能书写，字迹清晰、工整

表 3   **单元（工序）工程监理平行检测记录备查表（样表）**

单位工程名称		单元工程量	
分部工程名称		施工单位	
单元工程名称、部位		施工日期	年 月 日— 年 月 日

序号	检测项目	检测数据	
			年 月 日
			年 月 日
			年 月 日
			年 月 日
			年 月 日

监理工程师：   （签字、盖章）

注：记录内容不可打印、只能书写，字迹清晰、工整

_____工程

表 4　　　　　　　　　**混凝土原材料检验记录备查表（样表）**

单位工程名称			单元工程量		
分部工程名称			施工单位		
单位工程名称、部位			施工日期		

项次	原材料质量检验情况				
	材料名称	生产厂家	产品批号	检验日期	检验结论
1	水泥				
2	钢筋				
3	掺合料				
4	外加剂				
5	止水片（带）				

试验负责人：　　　　　　　　质量负责人：　　　　　　　　监理工程师：

124

_____工程

表 5　　　　　　　　**混凝土骨料检验备查表（样表）**

单位工程名称		单元工程量	
分部工程名称		施工单位	
单位工程名称、部位		施工日期	
项次	原材料质量检验情况			检验结论
	检验项目	检测情况		
		检验时间	检测数据	
细 骨 料				
1	堆积密度/(kg·m⁻³)			
2	紧密密度/(kg·m⁻³)			
3	含泥量/%			
4	泥块含量			
5	有机物含量			
6	云母含量/%			
粗 骨 料				
1	堆积密度/(kg·m⁻³)			
2	紧密密度/(kg·m⁻³)			
3	含泥量/%			
4	泥块含量/%			
5	有机物含量			
6	针片状颗粒含量/%			
1	堆积密度/(kg·m⁻³)			
2	紧密密度/(kg·m⁻³)			
3	含泥量/%			
4	泥块含量/%			
5	有机物含量			
6	针片状颗粒含量/%			

试验负责人：　　　　　　质量负责人：　　　　　　监理工程师：

_____工程

表 6　　　　　　　　　**混凝土开盘鉴定表（样表）**

单位工程名称		单元工程量	
分部工程		施工单位 （混凝土供应单位）	
单元工程 名称、部位		施工日期	
申请强度等级		要求坍落度	mm
配合比编号		检测单位	
水灰比		砂率	%

材料名称	水泥	砂	石	水	掺合料	外加剂	
						1	2
每立方米用量/kg							
调整后每盘用量/kg	注：砂含水率_____%；砂含砾率_____%；石含水率_____%						

鉴定结果	鉴定项目	混凝土拌合物				混凝土试块抗压强度 /MPa	原材料与申请单 是否相符
		坍落度 /mm	含气量 /%	保水性			
	申请						
	实测						

鉴定意见：

监理单位	混凝土试配单位	施工单位 （混凝土供应单位）	搅拌机（站）负责人
鉴定日期	年　月　日		

表 7   **混凝土养护测温记录表（样表）**

单位工程名称												单元工程名称	
分部工程名称												单元工程量	
施工单位													
工程部位				测温方法				养护方法					
测温时间			大气温度/℃	测点温度/℃										平均温度/℃
月	日	时		1	2	3	4	5	6	7	8	9	10	

测温点布置示意图：

施工负责人	质检员	测温员

_____工程

表 8 　　　　　　　　　**砂浆拌和记录表（样表）**

单位工程名称						单元工程名称		
分部工程名称						单元工程量		
施工单位								
使用部位			设计强度等级			拌和日期		年 月 日
天气情况			室外气温/℃			拌和方量/m³		

砂浆来源	预拌	供料厂名					合同号		
		供料强度等级					检测单号		
	自拌	配合比	配合比通知单号						
			拌和时间/min						
			材料名称	规格、产地	每立方米用量/kg	调整后每盘用量/kg	实测每盘用量/kg	实测偏差/%
			水泥					
			砂子					
			水					
			粉煤灰					
			外加剂					
			其他					
			注：砂子含水率_____%					

实测稠度/mm				其他		
试件留置种类、数量、编号						
使用中出现的问题及处理情况						
施工负责人				质检员		

128

_____工程

表 9　　　　　　　　　**混凝土浇筑记录表（样表）**

单位工程名称			单元工程名称	
分部工程名称			单元工程量	

施工单位				
浇筑部位			设计强度等级	
开始浇筑时间	年　月　日　时	浇筑完成时间		年　月　日　时
天气情况		室外气温/℃	混凝土浇筑方量/m³	

混凝土来源	商混	供料厂名			合同号		
		供料强度等级			检测单号		
	自拌	混凝土配合比	配合比通知单号				

			材料名称	规格、产地	每立方米用量/kg	调整后每盘用量/kg	实际每盘用量/kg	实际偏差/%
			水泥					
			砂子					
			石子					
			外加剂					

注：砂含水率_____%；砂含砾率_____%；石含水率_____%

实测坍落度/mm			含气量/%		拌和时间/s		
出机温度/℃				浇筑温度/℃			

试件留置种类、数量、编号	
混凝土浇筑中出现的问题及处理情况	

施工负责人		质检员	

表 10   隐蔽工程检查记录表（样表）

单位工程名称		单元工程名称	
分部工程名称		单元工程量	
施工单位			
隐检部位		隐检项目	

<table>
<tr><td rowspan="1">隐检内容</td><td colspan="3">

填表人：
检查日期： 年 月 日</td></tr>
<tr><td>检查结果及处理意见</td><td colspan="3">

检查人：
检查日期： 年 月 日</td></tr>
<tr><td>复查结果</td><td colspan="3">

复查人：
复查日期： 年 月 日</td></tr>
</table>

建设单位	监理单位	设计单位	施工单位

注：本表由施工单位填报，检查小组（或委托监理）签署检查结果及处理意见

130

_____工程

表 11　　　　　　　　　基础处理记录表（样表）

单位工程名称		单元工程 名称、部位	
分部工程名称		单元工程量	
施工单位			
处理依据			

处理部位（或简图）：

处理过程简述：

检查意见：

年　月　日

建设单位	监理单位	勘察单位	设计单位	施工单位

<u>　　　　　　　　　</u>工程

表 12　　　　　　　　　　**自检记录表（样表）**

单位工程名称		单元工程名称、部位	
分部工程名称		单元工程量	
施工单位			
检查项目		自检部位	
检查内容			
自检结果			自检人： 年　月　日　时
复检结果			复检人： 年　月　日　时
终检结果			终检人： 年　月　日　时

132

_____工程

表 13		施工通用记录表（样表）	

单位工程名称		单元工程 名称、部位	
分部工程名称		单元工程量	
施工单位			

施工内容：

施工依据与材质：

检查结果：

质量问题及处理意见：

负责人	质检员	记录人
年 月 日	年 月 日	年 月 日

_____工程

表 14　　　　　　　　见证取样和送检见证人备案书（样表）

单位工程名称		分部 工程名称	
送检样品名称			

_____（检测单位）：

　　我单位决定，由_____同志担任_____工程见证取样和送检见证人。有关的印章和签字如下，请查收备案

见证取样和送检印章	见证人签字

监理单位名称（盖章）	年　月　日
施工项目负责人（签字）	年　月　日

_____工程

表 15　　　　　　　　　**见证记录表（样表）**

单位工程名称		分部工程名称	
施工单位			
取样部位			
样品名称		取样数量	
取样地点		取样日期	年　月　日

见证记录：

见证取样和送检印章	
取样人签字	
见证人签字	
填表日期	年　月　日

表 16 　　　　　　　　　　**见证试验汇总表（样表）**

单位工程名称			分部工程名称		
施工单位					
监理单位					
见证人					
见证 检测单位名称					
试验项目	应送试总次数	见证试验次数	不合格次数	备注	

制表人：　　　　　　　　　　　　　　　　　　　　　　　　　年 月 日

_____工程

表 17 　　　　　　　　　　　　　**密度试验汇总表（样表）**

单位工程名称			单元工程 名称、部位		
分部工程名称			单元工程量		
施工单位					
序号	试样编号	试验日期	施工部位	取样位置	土样种类	干密度 /(g·cm⁻³)	压实度 /%	备注

序号	试样编号	试验日期	施工部位	取样位置	土样种类	干密度 /(g·cm⁻³)	压实度 /%	备注

技术负责人			质检员		

注：对不合格样所代表的部位，应说明是否进行了处理，有无进行下道工序施工

_____工程

表 18　　　　　　　　　　砂浆抗压强度汇总表（样表）

单位工程名称			分部工程名称				
施工单位							
序号	工程部位	设计强度/MPa	试件编号	养护条件	龄期/d	抗压强度/MPa	备注
技术负责人					质检员		

表 19 **混凝土抗压（抗渗、抗冻）试验汇总表（样表）**

单位工程名称			分部工程名称				
施工单位							
序号	工程部位	设计等级	试件编号	养护条件	龄期 /d	试验结果	备注
技术负责人				质检员			

第三部分

单位、分部工程质量评定通用表

_____工程

表 1　　　　　　　　**工程项目施工质量评定表（样表）**

工程项目名称					项目法人			
工程等级					设计单位			
建设地点					监理单位			
主要工程量					施工单位			
开工、竣工日期		自 年 月 日 至 年 月 日			评定日期		年 月 日	
序号	单位工程名称	单元工程质量统计			分部工程质量统计			单位工程等级	备注
		个数/个	其中优良/个	优良率/%	个数/个	其中优良/个	优良率/%		
1									
2									
3									
4									
5									
6									
7									
8									
9									
10									
11									
12									
13									
单元工程、分部工程合计									
评定结果	本项目单位工程_____个，质量全部合格。其中优良工程_____个，优良率_____%，主要单位工程优良率_____%，观测资料分析结论：_____								
监理单位意见			项目法人意见			工程质量监督机构核定意见			
工程项目质量等级： 总监理工程师： 监理单位：（盖公章） 　　　　　年 月 日			工程项目质量等级： 法定代表人： 项目法人：（盖公章） 　　　　　年 月 日			工程项目质量等级： 负责人： 质量监督机构：（盖公章） 　　　　　年 月 日			

表 1　工程项目施工质量评定表

填 表 说 明

填表时必须遵守"填表基本规则"，并符合以下要求。

1. 工程项目名称：按批准的初步设计报告的项目名称填写。

2. 工程等级：填写本工程项目等别、规模及主要建筑物级别。

3. 建设地点：填写建设工程的具体地名，如省、县、乡。

4. 主要工程量：填写2～3项数量最大及次大的工程量。混凝土工程必须填写混凝土（包括钢筋混凝土）方量，土石方工程必须填写土石方填筑方量，砌石工程必须填写砌石方量。

5. 项目法人（建设单位）：填写全称。

6. 设计、施工、监理等单位：填写与项目法人签订合同时所用的名称（全称）。若一个工程项目是由多个施工（或多个设计、监理）单位承担任务时，表中只需填出承担主要任务的单位全称，并附页列出全部承担任务单位全称及各单位所完成的单位工程名称。若工程项目由一个施工单位总包、几个单位分包完成，表中只填总包单位全称，并附页列出分包单位全称及所完成的单位工程名称。

7. 开工日期：填写主体工程开工的年份（4位数）及月份。

8. 竣工日期：填写批准设计规定的内容全部完工的年（4位数）及月份。

9. 评定日期：填写工程项目质量等级评定的实际日期。

10. 本表在工程项目按批准设计规定的各单位工程已全部完成，各单位工程已进行施工质量等级评定后，由监理单位质检机构负责人填写，并进行工程项目质量评定，总监理工程师签字加盖公章，再交项目法人评定，项目法人的法定代表人签字，并盖公章，报质量监督机构核定质量等级，质量监督项目站长或质量监督机构委派的该项目负责人签字，并加盖公章。

11. 工程项目质量标准。

（1）合格等级标准。

1）单位工程质量全部合格。

2）工程施工期及试运行期，各单位工程观测资料分析结果均符合国家和行业技术标准以及合同约定的标准要求。

（2）优良等级标准。

1）单位工程质量全部合格，其中有70％以上单位工程质量达到优良等级，且主要单位工程质量全部优良。

2）工程施工期及试运行期，各单位工程观测资料分析结果均符合国家和行业技术标准以及合同约定的标准要求。

表 2　　　　　　　　　**单位工程施工质量评定表（样表）**

工程项目名称			施工单位		
单位工程名称			施工日期	自 年 月 日— 年 月 日	
单位工程量			评定日期		

序号	分部工程名称	质量等级		序号	分部工程名称	质量等级	
		合格	优良			合格	优良
1				8			
2				9			
3				10			
4				11			
5				12			
6				13			
7				14			

分部工程共_____个，全部合格，其中优良_____个，优良率_____％，主要分部工程优良率_____％

外观质量	应得_____分，实得_____分，得分率_____％
施工质量检验资料	
质量事故处理情况	
观测资料分析结论	

施工单位自评等级： 评定人： 项目经理： （盖公章） 　　　年 月 日	监理单位复核等级： 复核人： 总监或副总监： （盖公章） 　　　年 月 日	项目法人认定等级： 认定人： 单位负责人： （盖公章） 　　　年 月 日	工程质量监督机构核定等级： 核定人： 机构负责人： （盖公章） 　　　年 月 日

表 2　单位工程施工质量评定表

填 表 说 明

填表时必须遵守"填表基本要求"，并符合以下要求。

1. 本表是堤防单位工程质量评定表的统一格式。

2. 单位工程量，只填写本单位工程的主要工程量，表头其余各项按"填表基本规则"填写。

3. 分部工程名称按项目划分时确定的名称填写，并在相应的质量等级栏内加"√"标明。主要分部工程是指对工程安全、功能或效益起控制作用的分部工程，在项目划分时确定。主要分部工程名称前应加"△"符号。

4. 表身各项由施工单位按照经建设、监理核定的质量结论填写。

5. 表尾由各单位填写：①施工单位评定人指施工单位质检处负责人，项目经理指该项目质量责任人。本表应由施工单位质检处负责人填写和自评，项目经理审查、签字并加盖公章。②监理单位复核人：指负责本单位工程质量控制的监理工程师。监理工程师复核后应由总监理工程师签字并加盖公章。③质量监督机构的核定人指负责本单位工程的质量监督员。项目监督负责人指项目站长或该项目监督责任人。

6. 单位工程质量标准。

（1）合格等级标准。

1）所含分部工程质量全部合格。

2）质量事故已按要求进行处理。

3）工程外观质量得分率达到 70％及其以上。

4）单位工程施工质量检验与评定资料基本齐全。

5）工程施工期及试运行期，单位工程观测资料分析结果符合国家和行业技术标准以及合同约定的标准要求。

（2）优良等级标准。

1）所含分部工程质量全部合格，其中 70％以上达到优良等级，主要分部工程质量全部优良，且施工中未发生过较大质量事故。

2）质量事故已按要求进行处理。

3）外观质量得分率达到 85％以上。

4）单位工程施工质量检验与评定资料基本齐全。

5）工程施工期及试运行期，单位工程观测资料分析结果符合国家和行业技术标准以及合同约定的标准要求。

_____工程

表 3 　　　单位工程施工质量检验与评定资料检查表（样表）

单位工程名称			施工单位	
			核查日期	年 月 日
项次		项　　目	份数	核查情况
1	原材料	水泥出厂合格证、厂家试验报告		
2		钢材出厂合格证、厂家试验报告		
3		外加剂出厂合格证及有关技术性能指标		
4		粉煤灰出厂合格证及技术性能指标		
5		防水材料出厂合格证、厂家试验报告		
6		止水带出厂合格证及技术性能试验报告		
7		土工布出厂合格证及技术性能试验报告		
8		装饰材料出厂合格证及有关技术性能试验报告		
9		水泥复验报告及统计资料		
10		钢材复验报告及统计资料		
11		其他原材料出厂合格证及技术性能试验资料		
12	中间产品	砂、石骨料试验资料		
13		石料试验资料		
14		混凝土拌合物检查资料		
15		混凝土试件统计资料		
16		砂浆拌合物及试件统计资料		
17		混凝土预制件（块）检验资料		
18	金属结构及启闭机	拦污栅出厂合格证及有关技术文件		
19		闸门出厂合格证及有关技术文件		
20		启闭机出厂合格证及有关技术文件		
21		压力钢管生产许可证及有关技术文件		
22		闸门、拦污栅安装测量记录		
23		压力钢管安装测量记录		
24		启闭机安装测量记录		
25		焊接记录及探伤报告		
26		焊工资质证明材料（复印件）		
27		运行试验记录		

项次		项　目	份数	核查情况
28	机电设备	产品出厂合格证、厂家提交的安装说明书及有关文件		
29		重大设备质量缺陷处理资料		
30		水轮发电机组安装测试记录		
31		升压变电设备安装测试记录		
32		电气设备安装测试记录		
33		焊缝探伤报告及焊工资质证明		
34		机组调试及试验记录		
35		水力机械辅助设备试验记录		
36		发电电气设备试验记录		
37		升压变电电气设备检测试验报告		
38		管道试验记录		
39		72h试运行记录		
40	重要隐蔽工程施工记录	灌浆记录、图表		
41		造孔灌注桩施工记录、图表		
42		振冲桩振冲记录		
43		基础排水工程施工记录		
44		地下防渗墙施工记录		
45		主要建筑物地基开挖处理记录		
46		其他重要施工记录		
47	综合资料	质量事故调查及处理报告、重大缺陷处理检查记录		
48		工程施工期及试运行期观测资料		
49		工序、单元工程质量评定表		
50		分部工程单位工程质量评定表		

施工单位自查意见	监理单位复查结论
自查： 填表人： 质检部门负责人： （盖公章） 　年　月　日	复查： 监理工程师： 监理单位： （盖公章） 　年　月　日

表3 单位工程施工质量检验与评定资料检查表

填 表 说 明

填表时必须遵守"填表基本要求",并符合以下要求。

1. 本表供嫩江右岸省界堤防单位工程施工质量检验资料核查时使用。

2. 本表由施工单位内业技术人员负责逐项填写,并签名。施工单位质检部门负责人签字加盖公章,再交该单位工程监理工程师复查,填写复查意见、签名,加盖监理单位公章。

3. 核查情况栏内,主要应记录核查中发现的问题,并对资料齐备情况进行描述。

4. 核查应按照"堤防工程施工规范、水利水电行业施工规范",《新标准》(SL 631~637—2012) 和《水利水电工程施工质量检验与评定规程》(SL 176) 要求逐项进行。

5. 核查意见填写尺度。

齐全:指单位工程能按第4点所述要求,具有数量和内容完整的技术资料。

基本齐全:指单位工程的质量检验资料的类别或数量不够完善,但已有资料仍能反映其结构安全和使用功能符合设计要求者。

对达不到"基本齐全"要求的单位工程,尚不具备评定单位工程质量等级的条件。

表 4　　　　　　　**分部工程施工质量评定表（样表）**

单位工程名称		施工单位	
分部工程名称		施工日期	自　年　月　日 至　年　月　日
分部工程量		评定日期	年　月　日

项次	单元工程种类	工程量	单元工程个数	合格个数	其中优良个数	备注
1						
2						
3						
4						
5						
6						
合计						
重要隐蔽单元工程、关键部位单元工程						

施工单位自评意见	监理单位复核意见	项目法人认定意见
本分部工程的单元工程质量全部合格，优良率为_____％，重要隐蔽单元工程及关键部位单元工程_____个，优良率为_____％。原材料质量_____，中间产品质量_____，金属结构及启闭机制造质量_____，机电产品质量_____。 质量事故及质量缺陷处理情况： 分部工程质量等级： 评定人： 项目技术负责人：（盖公章） 　　　　　　　年　月　日	复核意见： 分部工程质量等级： 监理工程师： 　　　　　　年　月　日 总监或副总监： 　　　　　（盖公章） 　　　　　年　月　日	认定意见： 分部工程质量等级： 现场代表： 技术负责人： 　　　　　（盖公章） 　　　　　年　月　日

工程质量监督机构	核定（备）意见： 核定等级：　　核定（备）人：　　（签名）　　负责人：　　（签名） 　　　　　　　　　　　　　　　　　年　月　日　　　年　月　日

注：分部工程验收的质量结论，由项目法人报工程质量监督机构核备。大型枢纽工程主要建筑物的分部工程验收的质量结论，由项目法人报工程质量监督机构核定

表4 分部工程施工质量评定表

填 表 说 明

填表时必须遵守"填表基本要求",并符合以下要求。

1. 本表是堤防分部工程质量评定表的统一格式。

2. 分部工程量,只填写本分部工程的主要工程量。

3. 单元工程类别按《新标准》(SL 631～637—2012)的单元工程类型填写。

4. 单元工程个数:指一般单元工程、主要单元工程、重要隐蔽工程及关键部位的单元工程之和。

5. 合格个数:指单元工程质量达到合格及以上质量等级的个数。

6. 主要单元工程、重要隐蔽工程、工程关键部位:指工程项目划分中所确定的主要单元工程、重要隐蔽工程、工程关键部位。其中主要单元工程用"△"符号、重要隐蔽工程用"*"符号、工程关键部位用"♯"符号表示。

7. 本表自表头到施工单位自评意见均由施工单位质检部门填写,并自评质量等级。评定人签字后,由项目经理或经理代表签字并加盖公章。

8. 监理单位审核意见栏,由负责该分部工程质量控制的监理工程师填写,签字后交总监或总监代表核定、签字并加盖公章。

9. 质量监督机构核备栏,本工程的分部工程施工质量,在施工单位自评、监理单位核定后,报质量监督机构核备。

10. 分部工程施工质量评定时,工程的原材料(主要指水泥、钢材、土工布等)、中间产品(主要指砂、石骨料,混凝土、砂浆拌合物等)、金属结构(主要指闸门、启闭机、拦污栅等)以及机电设备(主要指升压变电电气设备等)的质量,由施工单位自查,监理单位进行核查。并作为分部工程质量评定的依据。

11. 分部工程质量标准。

(1) 合格等级标准。

1) 所含单元工程的质量全部合格,质量事故及质量缺陷已按要求处理,并经检验合格。

2) 原材料、中间产品及混凝土(砂浆)试件质量全部合格,金属结构及启闭机制造质量合格,机电产品质量合格。

(2) 优良等级标准。

1) 所含单元工程质量全部合格,其中70%以上达到优良等级,重要隐蔽单元工程和关键部位单元工程质量优良率达到90%以上,且未发生过质量事故。

2) 中间产品质量全部合格,混凝土(砂浆)试件质量达到优良等级(当试件组数小于30时,试件质量合格),原材料质量、金属结构及启闭机制造质量合格,机电产品质量合格。

表5　　　　　　　　堤防工程外观质量评定表（样表）

单位工程名称			施工单位				
主要工程量			评定日期		年　月　日		

项次	项目	标准分	评定得分/分				备注
			一级 100%	二级 90%	三级 70%	四级 0	
1	外部尺寸	30					
2	轮廓线顺直	10					
3	表面平整度	10					
4	曲面、平面联结平顺	5					
5	排水	5					
6	上堤马道	3					
7	堤顶附属设施	5					
8	防汛备料堆放	5					
9	草皮	8					
10	植树	8					
11	砌体排列	5					
12	砌缝质量	10					
合计		应得分_____，实得分_____，得分率_____%					
评定人员签名							
外观质量评定组成员	工作单位	姓名		职称		签名	
	项目法人						
	监理						
	设计						
	施工						
	运行管理						
质量监督机构	核定意见：						
					核定人：（签名，加盖公章） 年 月 日		

表5 堤防工程外观质量评定表

填 表 说 明

填表时必须遵守"填表基本要求"并符合以下要求。

1. 本表用于堤防工程外观质量评定。

2. 单位工程完工后,项目法人组织监理、设计、施工单位及运行管理等单位组成工程外观质量评定组,现场进行外观质量检验评定,并将评定结论报工程质量监督机构核定。参加外观质量评定的人员应具有中级以上(含中级)技术职称或相应执业资格,评定组人数应不少于5人,大型工程不宜少于7人。

3. 检查、检测项目经工程外观质量评定组全面检查后,抽测25%,且各项不少于10点。

4. 各项目工程外观质量评定等级分为四级,各标准得分见下表。

评定等级	检验项目测点合格率/%	各项评定得分
一级	100	该项标准分
二级	90~99.9	该项标准分×90%
三级	70~89.9	该项标准分×70%
四级	<70	0

5. 本表依据《水利水电工程施工质量检验与评定规程》(SL 176—2007)和《堤防工程施工质量评定与验收规程》(试行)(SL 239—1999)表 C.0.2 外部尺寸质量检测评定表中的评定结果进行评分;其他各项得分为各评定成员在检查工程现场后对相应项的外部观感质量进行打分后的算术平均值。

6. 在实际评定时,仅对实际存在的项目进行评定打分,其标准分累计为应得分,评定打分合计为实得分,得分率=$\frac{实得分}{应得分}×100\%$。

7. 外观质量评定质量标准见下表。

项次	项目	检查、检验内容			质 量 标 准
1	外部尺寸	土堤	高程	堤顶	允许偏差 0~15cm,每200m测4个点,水准仪
				平(戗)台顶	允许偏差—10~15cm,每200延米测4点,水准仪
			宽度	堤顶	允许偏差—5~15cm,每200延米测4点,钢尺
				平(戗)台顶	允许偏差—10~15cm,每200延米测4点,钢尺
			边坡坡度		不陡于设计值,目测平顺
		混凝土及砌石墙(堤)	堤顶高程	干砌石墙(堤)	允许偏差 0~5cm,每200延米测4点,水准仪
				浆砌石墙(堤)	允许偏差 0~4cm
				混凝土墙(堤)	允许偏差 0~3cm
			墙面垂直度		0.5%
			墙顶厚度(各类砌筑墙)		允许偏差—1~2cm,每50延米测1点,钢尺
			边坡坡度		不陡于设计坡度,目测平顺

项次	项目	检查、检验内容		质 量 标 准
2	轮廓线顺直	用15m拉线沿堤顶轮廓连续测量		15m长度内凸凹凹偏差不超过3cm
3	表面平整度	干砌石墙（堤）		用2m靠尺，允许偏差不大于5cm，每20延米测1点
		浆砌石墙（堤）		用2m靠尺，允许偏差不大于2.5cm，每20延米测1点
		混凝土墙（堤）		用2m靠尺，预制混凝土墙允许偏差±1cm，每20延米测1点；现浇混凝土墙1m靠尺检测不超过4mm，2m靠尺不超过5mm
4	曲面、平面联结平顺	外观质量组现场检查		一级：圆滑过渡，曲线流畅，实际得分为5分； 二级：平顺连接，曲线基本流畅，实际得分为4.5分； 三级：连接不够平顺，有明显折线，实际得分为3.5分； 四级：连接不平顺，折线突出，实际得分为0分
5	排水	外观质量组现场检查		排水畅通，形状尺寸偏差±3cm，无水泥结石附着。 一级：符合质量标准； 二级基本符合质量标准； 三级：局部尺寸误差大，局部有水泥结石附着； 四级：排水尺寸误差大，多处有水泥结石附着
6	上堤马道	外观质量组现场检查		质量标准：宽度偏差±2cm，高度偏差±2cm。 一级：符合质量标准； 二级：基本符合质量标准； 三级：局部尺寸误差大； 四级：多处排水尺寸误差大
7	堤顶附属设施	外观质量组现场检查		一级：混凝土表面平整，棱线平直度等指标符合质量标准； 二级：混凝土表面平整，棱线平直度等指标基本符合质量标准； 三级：混凝土表面平整，棱线平直度等指标尺寸误差较大； 四级：混凝土表面平整，棱线平直度等指标尺寸误差大
8	防汛备料堆放	外观质量组现场检查		一级：按规定位置备料，堆放整齐； 二级：按规定位置备料，堆放欠整齐； 三级：未按规定位置备料，堆放欠整齐； 四级：备料任意堆放
9	草皮	外观质量组现场检查		一级：草皮铺设（种植）均匀，全部成活，无空白； 二级：草皮铺设均匀，成活面积90%以上，无空白； 三级：草皮铺设（种植）基本均匀，成活面积在70%以上，有少量空白； 四级：达不到三级标准者
10	植树	外观质量组现场检查		一级：植树排列整齐、美观，全部成活，无空白； 二级：植树排列整齐，成活率90%以上，无空白； 三级：植树排列整齐，成活率70%以上，无空白； 四级：达不到三级标准者
11	砌体排列	外观质量组现场检查		一级：砌体排列整齐、铺放均匀、平整，无沉陷裂缝； 二级：砌体排列基本整齐、铺放均匀、平整，局部有沉陷裂缝； 三级：砌体排列多处不够整齐、铺放均匀、平整，局部有沉陷裂缝； 四级：砌体排列不整齐、不平整，多处有裂缝
12	砌缝质量	外观质量组现场检查		一级：勾缝宽度均匀，砂浆填塞平整； 二级：勾缝宽度局部不够均匀，砂浆填塞基本平整； 三级：勾缝宽度多处不均匀，砂浆填塞不够平整； 四级：勾缝宽度不均匀，砂浆填塞粗糙不平

表 6   **重要隐蔽（关键部位）单元工程质量等级签证表（样表）**

单位工程名称		单元工程量	
分部工程名称		施工单位	
单元工程名称、部位		自评日期	年 月 日
施工单位自评意见	1. 自评意见： 2. 自评质量等级： 终检人员 （签名）		
监理单位抽查意见	抽查意见： 监理工程师 （签名）		
联合小组核定意见	1. 核定意见： 2. 质量等级： 年 月 日		
保留意见			
备查资料清单	1. 地质编录； □ 2. 测量成果（包括平面图、纵横断面图）； □ 3. 检验试验报告（岩芯试验、软基承载力试验、结构强度等）； □ 4. 影像资料； □ 5. 其他（ ） □		

联合小组成员		单位名称	职务、职称	签名
联合小组成员	项目法人			
	监理单位			
	设计单位			
	施工单位			
	运行管理			

注：重要隐蔽单元工程验收时，设计单位应同时派地质工程师参加。备查资料清单中凡涉及的项目应在"□"内打"√"，如有其他资料应在括号内注明资料的名称

表6 重要隐蔽（关键部位）单元工程质量等级签证表

填 表 说 明

填表时必须遵守"填表基本要求"，并符合以下要求。

1. 重要隐蔽（关键部位）单元工程应在项目划分时明确。

2. 重要隐蔽单元工程系指主要建筑物的地基开挖、地下洞室开挖、地基防渗、加固处理和排水等隐蔽工程中，对工程安全或使用功能有严重影响的单元工程。关键部位单元工程系指对工程安全、或效益、或使用功能有显著影响的单元工程。

3. 重要隐蔽单元工程及关键部位单元工程质量经施工单位自评合格，监理机构抽验后，由项目法人（或委托监理）、监理、设计、施工、工程运行管理（施工阶段已经有时）等单位组成联合小组，共同检查核定其质量等级并填写签证表，报质量监督机构核备。

4. 地质编录系指在地质勘查、勘探中，利用文字、图件、影像、表格等形式对各种工程的地质现象进行编绘、记录的过程。包括建基面地质剖面的岩性及厚度、风化程度、不良地质情况等，由设计部门形成书面意见，测绘人员和复核人员签字。

5. 测量成果是指平面图、纵横断面图，包括测量原始手簿、测量计算成果等。

6. 检验试验报告包括地基岩芯试验报告、岩石完整性超声波检测报告、地基承载力试验报告、结构强度试验报告等，检验报告中须注明取样的平面位置和高程。

7. 影像资料包括照片、图像、影像光盘等。

8. 其他资料包括施工单位原材料检测资料等。

9. 质量验收评定视具体单元工程类别来确定其执行的质量标准，如土石坝心墙岩石基础开挖单元工程，则执行"岩石地基开挖施工质量标准"，混凝土防渗墙单元工程，则执行"混凝土防渗墙施工质量标准"。